Исай Шоулович
Давыдов

SOS

НАУЧНЫЕ ПРОБЛЕМЫ МОРАЛИ, СЧАСТЬЯ, ДОЛГОЛЕТИЯ И БЕССМЕРТИЯ

ТОМ 3

International Scientific Center

1

Исай Шоулович Давыдов

ЗАПРОГРАММИРОВАННОЕ РАЗВИТИЕ ВСЕГО МИРА

NOMOGENESIS

International Scientific Center,

Нью-Йорк 2005

2

Исай Шоулович Давыдов

ЗАПРОГРАММИРОВАННОЕ РАЗВИТИЕ ВСЕГО МИРА

NOMOGENESIS
OR
EVOLUTION
DETERMINED BY PROGRAM

Joseph Davydov
International Scientific Center,
17 Filbert Lane,
Palm Coast, FL 32137
United States of America

Library of Congress Catalog Number: 2005909629

ISBN: 0-9630594-6-7

Printed in the United States of America

Эта книга посвящается светлой памяти академика Льва Симоновича Берга — основателя научной теории запрограммированной эволюции живой природы.

Исай Шоулович Давыдов

Автор – Исай Шоулович Давыдов
с сестрами Галей и Ханей.

Сведения об авторе

Давыдов Исай Шоулович получил ученую степень кандидата технических наук в 1967 году в Московском Энергетическом Институте (СССР) и лицензию профессионального инженера в 1990 году в штате Нью-Йорк (США). Ныне действительный член Нью-Йоркской Академии Наук (NYAS) и президент Интернационального Научно-Исследовательского центра в Бруклине (ISC). Он является автором многих интересных теоретических разработок таких, как: рациональное решение нерешенных дифференциальных уравнений с периодическими коэффициентами, теория осциллирующей вселенной, теория сотворения и сохранения энергии и т.д.

Им открыты новые законы, такие, как: закон развития материальных категорий по замкнутому циклу и закон развития идеальных категорий по логарифмической спирали.

И.Ш.Давыдов опубликовал более 40 научных работ, в том числе книги "Миры", "Сотворение и эволюция", "Познание истины" и "Бытие", в которых впервые научно доказал объективное существование Абсолютного Бога и иных (нефизических) миров.

В 1975 году, после того как "научному" атеизму пришлось безоговорочно признать бесспорный факт расширения Вселенной, преподавателям всех высших учебных заведений СССР было "предложено" повысить свое образование по "научному" атеизму в целях профилактики, чтобы "случайно не впасть в религиозное заблуждение". Вот и пришлось доценту И.Ш.Давыдову в 1977 году успешно окончить Университет Марксизма-Ленинизма по "научному" атеизму, где он окончательно утвердился в своих... научно-религиозных убеждениях.

В последние годы Исай Давыдов разработал ряд научных теорий, результаты которых предполагается опубликовать в шести томах:

ПОЗНАНИЕ ИСТИНЫ (том 1) . Философские, научные и математические доказательства бытия Абсолютного Бога и бессмертия души человеческой.

БЫТИЕ (том 2) . Необходимым условием для решения комплекса проблем счастья, долголетия и бессмертия является прежде всего гармония между личностью и окружающим миром. Человек может установить эту гармонию только лишь в том случае, если знает истину о структуре мира. Этому вопросу и посвящается данная книга.

ЗАПРОГРАММИРОВАННОЕ РАЗВИТЕ ВСЕГО МИРА (Том 3). Всякое эволюционное развитие происходит однозначно под воздействием законов природы. Полный свод всех законов природы представляет собой единую программу всеобщего развития материи. Законы не бывают без законодателя, программы не бывают без программиста. Так кто же является интеллектуальным Творцом законов природы и идеальной программы однозначного развития всего мира???

ДУША И ТЕЛО (Том 4). Кто есть человек: материальный организм или идеальный дух? Есть ли у человека душа? Если "да", то где она находится? Почему мы не видим ее "своими собствеными глазами"? Почему мы не можем "пощупать ее своими собственными руками"? Как протекает сигнально-информационная связь между душой и телом? Почему развивается и умирает организм человека? Умирает ли при этом душа? Целесообразна ли своевременная физическая смерть, сбрасывающая накопленную погрешность организма? Возможна ли жизнь после смерти?

СОВЕРШЕННАЯ ЦИВИЛИЗАЦИЯ (Том 5). Бог создал человека по образу и подобию своему. А человек должен построить совершенную цивилизацию по образу и подобию своего организма. Необходимым условием для решения этой проблемы и построения Рая на бренной Земле является гармония между личностью и обществом. Человек может установить эту гармонию только лишь в том случае, если знает, что он должен делать для этого. Этому вопросу и посвящается данная книга.

ПУТЬ В БЕССМЕРТИЕ (Том 6). Бог дал человеку свободу выбора, но не дал права на ошибку. Если в период текущей физической жизни человек выбрал неправильное направление своей деятельности, то идеальная душа его сворачивается по закону логарифмической спирали вплоть до полного исчезновения в нулевой точке. Если же человек выбирает правильное направление своей деятельности, то идеальная душа его развивается на один виток за каждую физическую жизнь по закону логарифмической спирали вплоть до бесконечности. Тем самым человек становится бессмертным.

Вы сможете заказать эти книги по почте
International Scientific Center,
17 Filbert Lane,
Palm Coast, FL 32137.
United States of America

ВВЕДЕНИЕ

Закон – это обязательная норма поведения. Соответственно, **законами природы** мы называем нормы поведения, которым слепо и беспрекословно должна подчиняться любая материальная категория. **Законами объективной реальности** мы называем нормы поведения, которым должна подчиняться любая объективная реальность, как материальная, так и идеальная, за исключением их Абсолютного Творца.

Полный свод всех законов природы представляет собой единую **идеальную программу всеобщего материального развития**, которая однозначно определяет развитие всего Материального Мира. Любая материальная категория обязана возникать, двигаться, изменяться и исчезать так и только лишь так, как предписано ей этой программой, и никак иначе. Исключением являются только лишь живые существа, которым дается иногда некоторая свобода выбора без права на ошибку.

Полный свод всех законов объективной действительности представляет собой единую идеальную **программу всеобщего развития, как материального, так и идеального**, которая однозначно определяет развитие всего Относительного Мира (материального и идеального). Любая объективная реальность обязана возникать, двигаться, изменяться и исчезать так и только лишь так, как предписано ей этой программой, и никак иначе. Исключением являются только лишь живые существа и духи, которым дается иногда некоторая свобода выбора без права на ошибку [4,5,24,25]. Только лишь живые существа и духи имеют некоторое (ограниченное) количество степеней собственной свободы, по которым они могут уклоняться от общих предписаний в положительном или отрицательном направлении. Если они уклоняются в положительном направлении, то они развиваются по закону логарифмической спирали. Если они уклоняются в отрицательном направлении, то они погибают.

Законы не бывают без законодателя, программы не бывают без программиста. Интеллектуального Творца всех законов природы и идеальной программы однозначного развития всего Относительного Мира мы называем **Абсолютным Богом**. Но тогда возникает вполне резонный вопрос: каким образом весь Относительный Мир подчиняется законам и программам Абсолютного Бога? Чтобы понять это, необходимо знать теорию сигнально-информационной связи, существующей между всем Относительным Миром и Абсолютным Богом. А чтобы понять это, необходимо знать Специальную Теорию Относительности Альберта Эйнштейна. Поэтому мы сначала приведем здесь упрощенную модель этой (довольно сложной) теории относительности, затем рассмотрим теорию сигнально-информационной связи и только лишь потом изложим нашу теорию запрограммированного развития мира. Разумеется, мы постраемся упростить здесь специальную теорию относительности без ущерба для ее качества.

Более подробно см. 33-ю главу моей книги "Познание истины" ([25], стр. 156-158,273-284).

Раздел 1
СПЕЦИАЛЬНАЯ ТЕОРИЯ
ОТНОСИТЕЛЬНОСТИ
стр. 11-73

1

АБСОЛЮТНАЯ И ОТНОСИТЕЛЬНЫЕ СИСТЕМЫ ОТСЧЕТА
([23],стр.119-142)

1. Системы отсчета.

Никаких прямых линий и никаких систем отсчета в объективной действительности нет. Они являются всего лишь научными моделями объективной действительности, которые используются учеными для выполнения расчетов без ущерба для их качества. Объективно существует не система отсчета, а пространство, в котором мы мысленно устанавливаем соответствующую систему отсчета.

Системы отсчета могут быть ортогональными и неортогональными, то есть прямоугольными и непрямоугольными. Существуют также полярные системы координат. Наибольшее распространение получили прямоугольные (декартовы) системы координат, которые мы рассмотрим далее в этой главе. Напомним читателю, что **обобщенными** мы называем независимые **координаты**, которые полностью определяют положение и состояние объекта в многомерном пространстве.

2. Абсолютная система отсчета.

Абсолютная система координат как абсолютная категория, должна быть прежде всего связана с абсолютным пространством.

Главным атрибутом абсолютной ситемы отсчета является **абсолютная точность** вычислений всех параметров любого объекта (материального или идеального). Без такого рода абсолютно точных и абсолютно исчерпывающих вычислений абсолютная система отсчета перестает быть абсолютной.

Начало абсолютной системы отсчета должно быть мысленно установлено в "абсолютном центре мира", потому что только лишь в этой единственной неподвижной точке мира нет никаких движений и изменений.

Из этого начала отсчета мы также мысленно проведем сколь угодно большое количество ортонормированных **координатных осей** — прямых линий, уходящих в бесконечные просторы всего мира (абсолютного и относительного). Чтобы исчерпать всю полноту абсолютной истины, количество таких координатных осей должно быть равно **абсолютной бесконечности**.

Напомним читателю, что из одной точки на плоскости можно провести всего лишь две взаимно-перпендикулярные линии. Из одной точки в трехмерном пространстве можно провести не более трех взаимно-перпендикулярных (ортогональных) координатных осей. Совершенно аналогично: из одной и той же точки в к-мерном пространстве мы можем мысленно провести **к** ортогональных (взаимно перпендикулярных) обобщенных координатных осей, где **к** может быть сколь угодно большим целым числом.

Таким образом, в многомерном пространстве можно провести сколь угодно большое количество взаимно-перпендикулярных координатных осей, хотя мы (трехмерные живые существа) не можем этого даже вообразить. Доказательство этого положнения можно найти в таких разделах высшей математики, как "ортонормированные обобщенные координаты", см., например: ([73]стр.163 и 167).

И если теперь мы мысленно устраним весь мир (абсолютный и относительный) и все его пространство, то останется абсолютная ортонормированная система обобщенных координат с центром в абсолютно неподвижной точке Абсолютного Мира. Тогда мы мысленно "увидим", что между абсолютным центром мира и центром нашей физической Вселенной простирается колоссальная протяженность идеального пространства и времени. Поэтому идеальная точка, в которой родилась и от которой стала расширяться Вселенная, **не есть** "абсолютный центр мира".

Если же мы мысленно устраним и все остальные координатные оси, кроме координатных осей нашей физической Вселенной, то останется система трех взаимно-перпендикулярных координатных осей, предназначенных для абсолютно точного определения трех физических величин: длины, ширины и высоты любого объекта.

Центр такой координатной системы окажется в той идеальной точке, из которой родилась и от которой стала расширяться Вселенная. Эта воображаемая идеальная точка может совпадать с абсолютным центром мира только лишь вследствие мысленного удаления идеального расстояния между ними, хотя практически мы этого делать не можем.

Абсол.ютная точность вычислений требует бесконечно больших скоростей передачи и приема информации. В самом деле, согласно законам диалектики любой объект находится в состоянии непрерывного движения изменения или развития. Через сколь угодно малый промежуток времени

14

любой объект перестает быть там, где он был, и тем, чем он был. Он меняет свои размеры и качество. Не зря существует крылатое выражение: "пока расчет производился, объект расчета в норку скрылся".

Это значит, что замеры и расчеты должны производиться за промежуток времени, равный абсолютному нулю, а это возможно только лишь в том случае, если скорость объекта v равна абсолютному нулю или же если скорость распространения и приема информации "c" равна абсолютной бесконечности.

Поэтому **абсолютной** мы называем абсолютно неподвижную систему отсчета, начало которой установлено в "абсолютном центре мира", координатные оси которой пересекаются в этом центре и простираются на бесконечные просторы всего мира, где передача и получение объективной информации производится с бесконечно большой скоростью: $c = \infty$.

Скорость движения информации вдоль любой координатной оси самой абсолютной системы отсчета равна абсолютной бесконечности. Любая другая скорость для нее неприемлема. Любая точка на каждой координатной оси определяет местонахождение информации в абсолютном пространстве. В абсолютной системе отсчета время всегда равно абсолютному нулю. Любое другое значение времени для нее неприемлемо. Такого рода отсутствие времени в абсолютной системе отсчета выражает абсолютную вечность Абсолютного Мира.

При этом нельзя ни в коем случае путать "скорость движения информации об объекте" со "скоростью движения самого объекта", "местонахождение информации об объекте" с "место-нахождением самого объекта" или "время распространения информации о движении объекта" со "временем движения самого объекта" и т.д.

Абсолютной системой прямоугольных (декартовых) координат мы называем абсолютно неподвижную систему бесконечного множества обобщенных, независимых, прямолинейных и взаимно-перпендикулярных координатных осей, в которых распространяется абсолютная информация об объективной действительности всего мира. Эта информация распространяется на основании "замеров" различных характеристик объективной реальности, которые могут быть определены Абсолютным Богом мгновенно, полностью, абсолютно точно и совершенно независимо от скорости движения объекта.

Абсолютной такую систему отсчета мы называем потому, что в ней могут быть абсолютно точно определены время, все размеры и другие характеристики любого объекта, независимо от скорости его движения относительно субъекта. В абсолютной системе отсчета могут быть определены абсолютно точно промежутки времени между любыми событиями и расстояния между любыми пунктами Относительного Мира (Материального и Идеального).

Абсолютная информация передается и принимается Богом в начале абсолютной системы отсчета (в "абсолютном центре мира", все размеры которого равны нулю). Эта же информация принимается и передается Относительным Миром в системе координатных осей, которые простираются в бесконечные просторы идеального пространства.

Пространственно-временной континуум Относительного Мира (как Материального, так и Идеального) является внешним продуктом творческой деятельности Бога, а не внутренней составной частью Абсолютного Мира, хотя в самом Абсолютном Мире имеются абсолютно точные сведения, знания и понятия о всех категориях Относительного Мира, таких, как "раньше" или "позже", "ближе" или "дальше", "лучше" или "хуже" и т.д. И в этом нет ничего удивительного, ведь не удивляют же вас ваши представления о телевизоре, хотя вы сами не содержите в себе самом никакого телевизора.

Согласно закону всеобщего движения неподвижной материи в мире нет и не может быть. Следовательно, скорость движения объекта не может быть равна нулю. В то же время в нашем распоряжении нет сигналов, которые могли бы распространяться быстрее света. О сигналах или информации, скорость распространения которых была бы равна абсолютной бесконечности, не может быть и речи. Это значит, что абсолютная система отсчета не может быть исползована нами практически. Она имеет только лишь теоретическое значение. Поэтому нам приходится пользоваться относительными системами отсчета

3. Относительные системы отсчета.

Сотворение Материального Мира было бы невозможным без движения и развития творческой идеи. Движение и развитие творческой идеи невозможно без пространственно-временных измерений, для которых существуют относительные категории, такие, как "раньше" и "позже", "ближе" и "дальше", "лучше" и "хуже" и т.д. А такого рода идеальный пространственно-временной континуум является уже относительным, а не абсолютным. Поэтому координатные оси относительной системы отсчета должны простираться в бесконечные просторы Относительного Мира, хотя ее начало устанавливается в "абсолютном центре мира". Это значит, что идеальное пространство Относительного Мира в относительной системе отсчета имеет свое начало, но не имеет своего конца.

В абсолютном пространстве нет и не может быть никаких относительных категорий, таких, как "раньше" и "позже", "ближе" и "дальше", "лучше" и "хуже" и т.д. Поэтому мы не можем подвергать исчерпывающему научному анализу весь Абсолютный Мир. Однако мы можем подвергать такому анализу весь Относительный Мир, если будем использовать аналогичную (но относительную!) систему отсчета, где существуют относительные категории, такие, как "раньше" и "позже", "ближе" и "дальше", "лучше" и "хуже" и т.д. Для этого прежде всего надо строго отличать абсолютную бесконечность от бесконечно большой (непрерывно возрастающей) переменной величины.

Абсолютная и относительная бесконечность.

Бесконечно большой может быть только лишь переменная (неограниченно возрастающая!) величина, а не постоянное и зафиксированное число ([53],стр.77). В свою очередь, сколь угодно возрастающая величина является всего лишь **относительной** категорией Идеального Мира, а не Материального. В самом деле, какое большое число мы бы ни взяли, мысленно мы всегда можем выбрать еще большее число. **Абсолютная бесконечность** есть недосягаемый предел, к которому бесконечно большая (непрерывно возрастающая) переменная величина всегда стремится, но которого она никогда не достигнет.

Абсолютная бесконечность количества координатных осей абсолютной системы отсчета есть недосягаемый предел, к которому стремится сколь угодно большое число координатных осей относительной системы отсчета, но которого оно никогда не достигнет.

Скорость распространения абсолютной информации в абсолютной системе отсчета, равная абсолютной бесконечности, есть недосягаемый предел, к которому стремится сколь угодно большая скорость относительной системы отсчета, но которого она никогда не достигнет.

Бесконечно большая скорость абсолютной информации, которую Абсолютный Бог распространяет во всем мире, всегда больше любого (сколь угодно большого!) наперед заданного числа. Эта скорость настолько большая, что абсолютная информация, распространяемая Богом, достигает любую бесконечно удаленную точку мира за нулевой промежуток времени.

Идеальное пространство (как неограниченная сфера творческой деятельности Абсолютного Бога) имеет бесконечно большую протяженность и бесчисленное множество измерений. В то же время протяженность идеального пространства для Абсолютного Бога равна нулю постольку, поскольку он проникает в любую его точку за нулевой промежуток времени.

Какой большой промежуток времени мы бы

ни вообразили, вечность Абсолютного Мира всегда окажется больше него. Бесконечно большая протяженность абсолютного пространства (как неограниченная сфера творческой деятельности Абсолютного Бога) всегда больше, чем любое (сколь угодно большое!) наперед заданное число.

В этом и заключается суть абсолютной категории, которая является абсолютной противоположностью относительной материи. Если в конечном Материальном Мире нет никаких бесконечных величин, то в Абсолютном Мире нуль сливается с бесконечностью. Поэтому в Абсолютном Мире нет никаких конечных чисел (промежуточных между нулем и бесконечностью), никаких "ближе" и "дальше", никаких "раньше" и "позже" и т.д.

Итак, **относительной системой отсчета** мы называем любую не абсолютную систему отсчета, в которой всегда существуют относительные категории, такие, как "раньше" и "позже", "ближе" и "дальше", "лучше" и "хуже" и т.д.

4. Инерциальные системы отсчета.

В специальной теории относительности используются простейшие системы отсчета, которые принято называть **инерциальными**. В инерциальных системах отсчета сделаны следующие допущения:

1. Начало одной прямолинейной оси координат устанавливается в пункте, где находится субъект (познаватель, обозреватель).

2. Начало другой прямолинейной оси координат устанавливается в пункте, где находится объект.

3. Координатные оси устанавливаются перпендикулярно расстоянию между субъектом и объектом.

4. Субъект находится в состоянии относительного покоя, а объект движется относительно него прямолинейно и равномерно с постоянной скоростью вдоль своей координатной оси.

5. Для "замера" искомых величин (длины, времени, массы или энергии) субъект может использовать сигналы, скорость которых равна скорости света.

Поэтому **инерциальной системой отсчета** мы называем простейшую форму относительной системы отсчета, в которой скорость параллельного движения объекта и субъекта предполагается прямолинейной и равномерной.

2
ПРОСТРАНСТВО И ВРЕМЯ

> Мир физических явлений является четырехмерным в пространственно-временном смысле.
>
> Альберт Эйнштейн

1. Физическое и идеальное пространство.
Если положительная энергия вещества существует и развивается в своей энергетической противоположности, то есть в отрицательной энергии физического пространства, то физическое пространство само существует и развивается в своей нематериальной противоположности, то есть в идеальном пространстве. Идеальное пространство является таким же компонентом Идеального Мира, каким компонентом Материального Мира является физическое пространство.

Следовательно, искать идеальное пространство в Материальном Мире бессмысленно. Идеальное пространство по самой идеальной сути своей не может быть обнаружено физическими органами человека или техническими приборами, потому что оно не содержит в себе ничего материального, ничего физического. Идеальное пространство может быть обнаружено и познано только лишь умозрительно, при помощи идеального интеллекта, а не при помощи физических органов или приборов. Мы не можем увидеть идеальное пространство непосредственно своими глазами, не можем слышать его своими ушами, щупать руками, регистрировать приборами, измерять метрами, взвешивать гирями и т.д.

С научной точки зрения давным-давно устарел допотопный атеистический принцип, согласно которому "в мире нет ничего такого, чего я не могу увидеть глазами или пощупать руками". Наоборот, современные естественные науки исходят из принципа о том, что право на существование имеет все то, что не запрещено законами природы ([83],стр.289). Тем не менее обычно атеист протестует против понятия идеального пространства следующим образом, ([24],стр.97):

—Идеальное пространство??? Где оно??? Если оно в действительности существует, то покажи мне его! Дай мне увидеть его моими собственными глазами! Позволь мне пощупать его своими собственными руками! Не можешь показать? Значит, никакого идеального пространства нет!

На все эти вопросы я отвечаю коротко:

—А существует ли время?

—О да! Время, конечно, существует! — восклицает атеист. Тогда я перехожу в тактическое контрнаступление:

—Время??? Где оно??? Если оно в действительности существует, то покажи мне его. Дай мне увидеть его моими собственными глазами! Позволь мне пощупать его своими собственными руками! Не можешь показать? Значит, одно из двух: либо твоя логика совершенно неверна, либо никакого времени в мире не существует вообще.

—Нет, нет! Моя логика совершенно верна, — отвечает атеист. — Правда мы не можем увидеть глазами или пощупать руками само время. Однако мы видим и ощущаем всякое движение и изменение материи, происходящее с течением времени. Хотя время само по себе незримо и невесомо, тем не менее мы судим (умозаключаем) о его объективном существовании по его зримым и ощутимым последствиям.

Следовательно, атеист признает факт объективного существования времени не в результате непосредственного экспериментального восприятия, а в результате умозаключения, которое опирается на такое восприятие. Если бы материя была неподвижной и неизменной, то мы никогда бы не догадались о существовании времени. Если в результате умозаключения мы пришли к понятию времени, то почему в результате аналогичного умозаключения мы не можем прийти к понятию идеального пространства?!

В самом деле, если бы не было идеального пространства, то не было бы и никакой объективной идеи вне субъективного (человеческого) сознания. Если бы не было объективной идеи, то первобытная материя лишилась бы своей нематериальной противоположности и поэтому не могла бы не только развиваться, но и существовать вообще. Это следует непосредственно из основного свойства материи, согласно которому ничто материальное не может существовать и развиваться без своей противоположности. Если бы неживая материя не развивалась, то не появились бы и живые организмы, а следовательно, и сам человек. Однако мы ясно видим, что люди существуют на самом деле! Значит, и идеальное пространство существует на самом деле, объективно и независимо от субъективного сознания.

Отрицать факт объективного существования идеального пространства — это все равно, что возражать против закона противоположностей, который лежит в основе диалектики. Вследствие этого "диалектический" материализм неизбежно перестает быть диалектическим, а научный атеизм перестает быть научным. Это обстоятельство лишний раз подтверждает то, что **атеизм по самой сути своей несовместим с диалектикой.** Если бы атеизм признал факт существования идеального пространства, то он неизбежно пришел бы к идеализму. В том и другом случае победа остается на стороне научной религии.

2. Аргумент и функция, [25, 53].

Если одна переменная величина зависит от другой, то независимую переменную величину в математике принято называть **аргументом**, а ту переменную величину, которая зависит от аргумента, принято называть **функцией**. Например, если автомобиль мчится по шоссе прямолинейно с равномерной скоростью v, то путь, пройденный автомобилем с течением времени t, равен: $S = v \cdot t$. В этом уравнении независимая переменная t называется аргументом, а путь, пройденный машиной за время t называется функцией.

Однако от времени зависит не только путь, пройденный машиной. Из естественных наук, а также из повседневной жизни нам достоверно известно, что любая материальная категория находится в состоянии непрерывного движения и изменения. Независимую переменную величину, с течением которой происходит движение и изменение всякой объективной реальности, мы называем **временем**. В этой связи время выступает в роли независимого аргумента, а движение и изменение всякой объективной реальности есть функция, зависящая от времени.

Таким образом, **время** есть относительно независимая величина (аргумент), с течением которой происходит движение и изменение всякой объективной реальности.

То, где движется, изменяется или развивается та или иная объективная реальность, называется **пространством**. В математике пространство принято наглядно изображать Декартовой системой координат. Величину каждого элемента такого движения, изменения или развития принято называть координатой.

3.
ПОДЛИННОЕ ВРЕМЯ И ХОД ЧАСОВ

> Спутать подлинное время с ходом часов — это все равно, что спутать пространство с рулеткой.
>
> Исай Давыдов

Всякая объективная действительность существует в пространственно-временной непрерывности (континууме). К объективной действительности относится не только материя, обладающая размерами или весом, не только физическое поле, обладающее энергией, не только невесомая и незримая объективная идея, не только идеальный дух, который стремится к совершенству и поэтому развивается, но и подлинное время, не обладающее никаким объемом, никакой массой и никакой энергией вообще. Но тогда возникает вполне естественный вопрос: а что же представляет собою время?

Время само по себе не является материей, ибо оно не содержит в себе самом никакого материального элемента: ни длины, ни ширины, ни высоты, ни объема, ни веса, ни массы, ни энергии, ни электрических зарядов и т.д. Выражаясь языком атеистов, время невозможно услышать ушами, увидеть глазами, пощупать руками или зарегистрировать приборами. Часы регистрируют не само время, а отсчитывают его продолжительность в условных единицах измерения. Секунды или минуты, отсчитываемые стрелками часов, ни в коей мере не есть само время точно так же, как сантиметры или дюймы, указанные на масштабной линейке, не есть само физическое пространство. Тем не менее продолжительность и последовательность всех событий реального мира определяются целиком и полностью временем в том смысле, что на языке абстрактной математики его можно назвать **идеальным аргументом реальных функций.**

Если бы подлинное время было материальной категорией, то на базе основного свойства материи мы теоретически могли бы вывести доказательство того, что идеальное время, как противоположность материального времени, имеет бесчисленное множество измерений и является необходимой категорией Идеального Мира. Однако подлинное время является идеальной категорией (а не материальной!) и поэтому у нас пока нет никаких достоверных научных доказательств, указывающих на количество измерений подлинного времени в Идеальном Мире. В классической физике и теории относительности мы его предполагаем одномерным только лишь потому, что "видим" время таковым во Вселенной.

Если бы, кроме неживой и неразумной материи, в мире не было ничего, а положение и состояние любой материальной частицы определялись однозначно, в зависимости от одного-единственного измерения времени, то эту относительную истину можно было бы считать абсолютной. Однако разумные цивилизации, обладающие некоторой свободой своей воли, могут внести в это обстоятельство какие-то свои более или менее существенные коррективы.

Подлинное время – это одномерная идеальная непрерывность (континуум), характеризующая (или даже определяющая) продолжительность и последовательность всех реальных событий (как материальных, так и идеальных). На общедоступном простом языке это означает, что подлинное время есть то, с течением которого должны изменяться и перемещаться в определенной последовательности те или иные действительные элементы и системы. Подлинное время - это своеобразный "идеальный мост", перекинутый сквозь Идеальный Мир от абсолютного и вечного Бога, на которого время не действует и у которого нет ни начала ни конца, к относительному и временному Материальному Миру, у которого было начало и будет конец, который с течением времени рождается, развивается, стабильно существует, стареет и гибнет.

Подлинное (или: объективное) время является всего лишь идеальным аргументом, который определяет функцию развития любых относительных категорий (объективной идеи или материи), то есть оно является всего лишь идеальным измерением (сферой), в рамках которого происходит всякое развитие точно так же, как физическое пространство есть измерение (сфера), в рамках которого происходит всякое движение материи. Даже подлинное время не есть источник развития точно так же, как физическое пространство не есть источник механического движения.

Относительное (или субъективное) время, определяемое ходом часов, является своеобразным материальным "кодом", предназначенным для условного измерения подлинного идеального времени.

Закон отрицания отрицания для понятия времени выражается следующей формулой: **реаль-**

ные события происходят с течением подлинного времени, а условное (относительное) время течет под воздействием реальных событий. Например, механические часы идут под воздействием пружины, сутки определяются полным поворотом Земли вокруг своей оси, год определяется полным поворотом Земли вокруг Солнца и т.д. Если механическая пружина часов обязана разжиматься по мере истечения подлинного времени, то стрелки часов, определяющие относительное (условное) время, обязаны двигаться по мере разжатия пружины. Если Земля обязана вращаться вокруг своей оси по мере истечения подлинного времени, то относительное (условное) время, отсчитывается нами по вращению Земли.

В данном случае часы измеряют время через посредство механической пружины, но они ни в коем случае не могут измерить непосредственно само подлинное время. Если поворот Земли вокруг своей оси или вокруг Солнца определяется течением подлинного времени, то относительное (условное) время мы определяем соответствующим поворотом Земли. В данном случае время измеряется нами через посредство движения Земли, но мы ни в коем случае не можем измерить непосредственно само подлинное время.

Подлинное время, с течением которого протекают реальные события, не зависит от хода часов. Наоборот, ход часов и условное время зависят от реальных событий. Ход часов можно замедлить или убыстрить. Тогда условное время, соответственно, уменьшится или увеличится. Но подлинное время от этого никак не изменится. Спутать подлинное время с ходом часов — это все равно, что спутать идею с материей. При этом следует особо подчеркнуть, что даже подлинное время является не источником, не причиной тех или иных событий реального мира, а только лишь аргументом, определяющим функцию их продолжительности и последовательности.

Опираясь на современные данные естественных наук, мы можем сформулировать **закон подлинного и относительного времени** следующим образом:

Прежде всего следует отличать подлинное (объективное) время от его отностельной (субъективной) противоположности. Подлинное время — это такая одномерная идеальная непрерывность (континуум), которая однозначно определяет продолжительность и последовательность всех реальных событий (как материальных, так и идеальных), хотя само по себе оно не является вовсе никаким источником движения, изменения и развития. На языке математики его можно назвать идеальным аргументом реальных функций.

Относительное (или субъективное) время, определяемое ходом часов или движением космических тел, является своеобразным материальным кодом подлинного идеального времени. Закон отрицания отрицания для понятия времени выражается следующей формулой: реальные события происходят с течением подлинного времени, а относительное (условное) время течет под воздействием реальных событий.

Подлинное время является идеальной категорией и не содержит в себе никаких материальных атрибутов: объема, массы, энергии, зарядов и т.д.

Поэтому оно не зависит от относительной скорости движения материальных тел. От относительной скорости передачи сигналов зависит только лишь относительное (условное) время, определяемое ходом часов или движением космических тел. Если с ростом досветовой скорости сигналы искажают (увеличивают) продолжительность чужого (субъективного) времени, то при сверхсветовых скоростях передача световых сигналов оказывается невозможной вообще.

Материализм объявляет время одной из форм существования материи. При помощи такой таинственной формулировки он молчаливо пытается отнести время к одной из материальных категорий. Однако это ни в коей мере не спасает атеизм от полного научного краха. В самом деле, если бы даже время, характеризующее продолжительность и последовательность тех или иных событий Материального Мира, и было материальной категорией, то согласно основному закону природы такого рода материальное время не смогло бы существовать без своей нематериальной противоположности, то есть без идеального времени, характеризующего длительность и последовательность всех реальных событий. Считать время материальным и одновременно отрицать факт объективного существования идеального времени — это все равно, что возражать против принципа компонентных и диалектических противоположностей, без которого диалектический материализм перестает быть диалектическим, а научный атеизм перестает быть научным ([23],стр.96-99,108).

Таким образом, законы диалектики, такие как, закон противоположностей, закон перехода количества в качество и закон отрицания отрицания — фактически наносят сокрушительные удары по ключевым позициям "научного" атеизма, хотя формально атеизм только на них и держится. Поэтому признание законов диалектики неизбежно ведет атеизм к научной религии. Отказ от законов диалектики не оставляет за "научным" атеизмом ничего научного. И в том и в другом случае победа остается на стороне научной религии. **Законы диалектики несовместимы с материализмом точно так же, как объективная наука несовместима с атеизмом.**

4
ОТНОСИТЕЛЬНОСТЬ ВРЕМЕНИ

> Всякое тело отсчета (система координат) имеет свое особое время.
>
> Альберт Энштейн

"Научный" атеизм и "диалектический" материализм не могут существовать без фантастических понятий "вечности и бесконечности" материи. Поэтому атеизм ранее ошибочно представлял, что скорость света является якобы бесконечно большой величиной. Первый сокрушительный удар по атеистическим представлениям бесконечности нанесла физика еще тогда, когда было установлено, что скорость света в чистом "вакууме" равна конечной и вполне конкретной величине: $c = 299\ 792$ км/сек.

Луч света в "вакууме" движется с максимально возможной скоростью "c", независимо от системы отсчета. Поэтому "скорость света в вакууме одинакова во всех системах координат, движущихся прямолинейно и равномерно относительно друг друга" ([94], стр. 62). Такие системы координат принято называть **инерциальными системами отсчета**. Предположим, что какая-то инерциальная система отсчета движется относительно нас с постоянной скоростью **v** и в обоих инерциальных системах отсчета (чужой и нашей) установлены совершенно одинаковые часы.

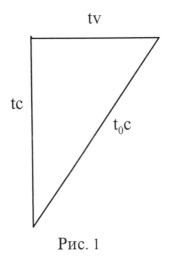

Рис. 1

Обозначим: t - промежуток относительного времени между двумя событиями, происходящими в чужой системе отсчета, но наблюдаемые нами из нашей системы (отсчитывается по показаниям наших часов); t_0 - подлинное время, определяемое по показаниям часов, находящихся в чужой системе. Под **подлинным** мы понимаем **объективное время** t_0, отсчитываемое по часам наблюдателя, который находится в той же системе, где происходят рассматриваемые события. Под чужим (или **относительным**) мы понимаем субъективное (а не подлинное) **время** t, отсчитываемое по часам "неподвижного" наблюдателя, находящегося в стороне от той "подвижной" инерциальной системы отсчета, в которой происходят рассматриваемые события ([23], стр. 100).

Это значит, что, по нашим представлениям, луч света от нас до подвижной системы проходит путь tc, а по представлениям жителей подвижной системы отсчета тот же луч проходит путь t_0c. Здесь tv - путь, пройденный чужой системой отсчета по нашим часам; tc - путь, пройденный лучом света по нашим часам; t_0c - путь, пройденный лучом света по чужим часам.

Согласно теореме Пифагора,

$$(t_0c)^2 = (tc)^2 + (tv)^2,$$

$$t_0^{\,2} = t^2[1 - (v/c)^2]$$

$$t^2 = \frac{t_0^{\,2}}{1 - (v/c)^2}.$$

$$t = \frac{t_0}{\sqrt{1 - (v/c)^2}}. \qquad (1)$$

Из этого уравнения видно, что продолжительность чужого времени t зависит от отношения скорости движения рассматриваемой системы относительно наблюдателя к скорости света (v/c); "часы, вследствие своего движения, идут медленнее, чем в состоянии покоя" ([94], стр.549) . "Собственный интервал времени всегда меньше интервала, измеряемого во всех остальных инерциальных системах отсчета".

Масштаб собственного времени для всех инерциальных систем отсчета одинаковый, а чужого времени - различный. Мы условно предполагаем, что субъект в собственной системе отсчета способен точно определить любой отрезок объективного времени. Тогда собственное время можно считать подлинным. Чужое время относится к категории относительного (субъективного) времени, а не подлинного, потому что определяется оно ходом часов и характером передачи сигналов.

Из уравнения (1) видно, что если бы в распоряжении субъекта, изучающего время в чужой инерциальной системе отсчета, были сигналы или информация, распространяемая и принимаемая с бесконечно большими скоростями "с", то относительное (релятивистское) время было бы равно подлинному (объективому) времени, то есть если $c = \infty$, то $t = t_0$.

5
СПЕЦИАЛЬНАЯ ТЕОРИЯ ОТНОСИТЕЛЬНОСТИ ДЛЯ ДОСВЕТОВЫХ СКОРОСТЕЙ

> Общая теория относительности наделяет пространство физическими свойствами.
>
> Альберт Эйнштейн
> ([94], стр.689)

1. Относительность пространства.
По поводу относительности физического пространства великий ученый Альберт Эйнштейн еще в 1917 году писал следующее: "Я стою у окна равномерно движущегося железнодорожного вагона и выпускаю из рук на полотно дороги камень, не сообщая ему скорости. Тогда я увижу (отвлекаясь от сопротивления воздуха), что камень падает прямолинейно вниз. Прохожий, находящийся вблизи полотна железной дороги и наблюдающий одновременно со мной за падением камня, видит, что камень падает по параболе. Тогда я задаю вопрос: где "в действительности" находятся "места", через которые проходит камень при падении, - на прямой линии или на параболе" ([94], стр.535) .

Правильный и научно обоснованный ответ на этот вопрос может быть получен только лишь из теории относительности. На этом простом примере Альберт Эйнштейн убедительно продемонстрировал относительность наших представлений о такой объективной реальности, как физическое пространство. В зависимости от положения наблюдателя одна и та же объективная траектория одному человеку представляется параболой, а другому – прямой линией. Согласно теории относительности мало сказать, **что** представляет собой данная траектория, надо еще указать, **для кого** она является параболой, а **для кого** – прямой.

Но тогда возникает вполне естественный вопрос: а что же все-таки представляет собой данная траектория в **объективной действительности**, независимо от субъекта, безотносительно к наблюдателю? Чтобы ответить на этот вопрос, необходимо ввести в рассмотрение абсолютную систему отсчета, о чем речь шла раньше. Ясно одно, что данная траектория в объективной действительности является весьма сложной формой кривой, а не параболой и тем более не прямой, ибо в движении принимают участие не только поезд и перрон, но и Земля, и Солнечная система, и Галактика и т.д. Знать абсолютную истину о данной территории мы не можем, но мы можем знать относительную истину о ней.

Относительными (а не абсолютными!) категориями являются не только траектория, не только количество измерений пространства, но и всякие другие его атрибуты, такие, как протяженность, длина, ширина, высота, объем и т.д.

Понятия пространства следует четко отличать от понятия протяженности. **Протяженностью** называется одна из основных характеристик пространства, выражающая его размеры. Ранее материалисты рассматривали физическое пространство как бесконечную протяженность, которая вмещает в себя все материальные тела. Однако, по признанию самих же атеистов, "развитие науки опровергло эти представления. Никакого абсолютного пространства как **бесконечной пустой** протяженности в физическом мире не существует" ([65], стр. 59) .

Из специальной теории относительности известно, что размеры любого материального тела зависят от скорости его движения относительно наблюдателя ([94], стр. 548) . Относительными категориями являются не только понятие времени, но и понятия длины, массы, энергии и т.д. В самом деле, для каждой из двух инерциальных систем отсчета мы имеем следующие соотношения:

$$l = v\, t_0, \quad l_0 = v\, t; \quad v = l/t_0 = l_0/t; \quad l = l_0(t_0/t);$$

$$\mathbf{l} = \mathbf{l_0}\sqrt{1 - (v/c)^2}, \qquad (2)$$

где l - релятивистская (относительная) длина, то есть длина тела, которое движется относительно наблюдателя со скоростью v (отсчитывается как путь, пройденный от одного конца тела до другого его конца за время t_0); l_0 - длина покоя (подлинная длина), с - скорость движения информации или сигналов, посылаемых и принимаемых наблюдателем с целью определения пространствено-временных измерений данного объекта, движущегося относительно него со скоростью v. Наиболее высокая скорость передачи таких сигналов, которые могут быть использованы нами во Вселенной, не превышает скорости света: с = 300 000 км/сек. В то же время скорость идеальной (нематериальной) информации может быть сколь угодно большой.

Из уравнения (2) видно, что если бы в распоряжении субъекта, измеряющего длину в чужой инерциальной системе отсчета, были сигналы или информация, распространяемая и принимаемая с бесконечно большими скоростями "с", то относительная (релятивистская) длина была бы равна подлинной (объективой) длине объекта, то есть если $c = \infty$, то $l = l_o$.

Таким образом, **в Материальном Мире пространство и время являются относительными категориями, а не абсолютными.**

2. Сигнал, интеллект и информация.

Сгласно закону отрицания отрицания [25], абсолютная информация, распространяемая Богом, перерабатывается в материальные сигналы, а сигналы — в идеальную информацию, принимаемую интеллектом субъекта. Это значит, что длина материального тела (как и любой промежуток времени) не может быть определена непосредственно нашим идеальным интеллектом. Мы осознаем длину любого физического тела только лишь через посредство материальных сигналов, которые перерабатываются нашим мозгом в идеальную информацию. И только лишь после этого информация о физической длине становится достоянием нашего интеллекта.

Если с ростом досветовой скорости физического тела сигналы искажают (уменьшают) его длину в нашем представлении, то сигналов со сверхсветовыми скоростями в нашем распоряжении нет вообще. Вот почему мы совершенно изолированы от мира сверхсветовых скоростей. Пока вы читаете эту фразу, мимо вас (а может быть, и сквозь вас!)

проходит несметное множество **тахионов** - частиц, обладающих сверхсветовой скоростью. Однако вы не только не видите и не ощущаете их, но и не догадываетесь об их существовании вообще. Они проносятся мимо вас, но в то же время они принадлежат иному, недоступному вам миру.

3. Относительность массы и энергии.

Законы природы одинаковы во всех системах координат, движущихся прямолинейно и равномерно друг относительно друга. Следовательно, силы F, ускорения "а" и скорости v одинаковы для всех инерциальных систем отсчета. Поэтому сила F всегда равна произведению массы на ускорение "а". Тогда для подвижной системы релятивистская (относительная) масса равна:

$$m = F/a = (Ft)/v.$$

Для неподвижной системы масса покоя равна:

$$m_0 = F/a = (Ft_0)/v.$$

Разделим первое уравнение на второе и получим, что $m/m_0 = t/t_0$ или:

$$m = \frac{m_0}{\sqrt{1 - (v/c)^2}} . \qquad (3)$$

Согласно   специальной теории относительности, полная энергия движущегося тела равна :

$$E = mc^2 = \frac{m_0 c^2}{\sqrt{1 - (v/c)^2}} . \qquad (4)$$

Величину

$$E_0 = m_0 c^2 \qquad (5)$$

принято называть энергией покоя. Тогда выражение полной энергии (4) можно переписать в следующем виде:

$$E = \frac{E_0}{\sqrt{1 - (v/c)^2}} . \qquad (6)$$

В отличие от массы покоя m_0, величина **m** называется **релятивистской массой**, или просто **массой**. Под такого рода массой здесь понимается количественная мера той суммарной материи, которая содержится в физическом объекте, движущемся относительно рассматриваемой системы отсчета с некоторой скоростью v. Для разных инерциальных систем отсчета одно и то же физическое тело обладает одинаковой массой покоя, но различной релятивистской массой. Это недвусмысленно означает, что количество суммарной материи, из которой состоит данное конкретное физическое тело, является не абсолютной, а относительной величиной, зависящей от положения наблюдателя.

В отличие от релятивистской энергии E, величина E_0 называется энергией покоя. Для разных систем отсчета одно и то же физическое тело обладает одинаковой энергией покоя, но различной релятивистской энергией. Это недвусмысленно означает, что количество релятивистской энергии Е, которая содержится в том или ином физическом теле, является не абсолютной, а относительной величиной, зависящей от положения наблюдателя, хотя энергия невесомых частиц для всех систем отсчета одинакова.

Современная наука различает два вида энергии: физическую и духовную. Каждая из них может быть и положительной и отрицательной. Если специально не оговорено, то под энергией обычно понимают физическую энергию, а не духовную. Поэтому просто **энергией** (или **физической энергией**) принято называть общую меру физической работоспособности (классическое определение). В то же время из уравнений (5) и (6) видно, что энергия пропорциональна массе и поэтому является ее мерой. Следовательно, энергия есть обобщенная мера не только различных физических форм движения и взаимодействия $(Е - Е_0)$, которую мы называем энергией относительного движения. Она является также и количественной мерой материи $Е_0$, которая содержится в любом рассматриваемом весомом объекте и которая в определенных условиях может совершить конкретную физическую работу.

Из уравнения (3) видно, что если бы в распоряжении субъекта, определяющего массу объекта в чужой инерциальной системе отсчета, были сигналы или информация, распространяемая и принимаемая с бесконечно большими скоростями "с", то относительная (релятивистская) масса была бы равна массе покоя, то есть если $с = \infty$, то $m = m_0$.

Однако такие сигналы невозможны, ибо уже при скоростях, близких к световой, весомое вещество теряет массу покоя (m_o=0) и превращается в чистую невесомую энергию.

4. Относительность координат.

Специальная теория относительности установила, что "окружающий нас мир представляет собой четырехмерный пространственно-временной континуум", см. ([94] стр.558). Это значит, что он складывается из отдельных элементов, каждый из которых описывается четырьмя числами, а именно: тремя пространственными координатами и одной временной координатой.

Если бы в нашем распоряжении были сигналы с бесконечно большими скоростями и если бы систему координат можно было закрепить абсолютно неподвижно, то координаты четырехмерного пространственно-временного континуума можно было бы считать также абсолютными. Однако мы не имеем никакой практической возможности сделать это, потому что любая система координат во Вселенной находится в состоянии непрерывного движения как во времени, так и в пространстве. Поэтому здесь речь идет о четырехмерности пространственно-временного континуума только лишь относительно какой-то физической системы координат, положение которой относительно другой системы координат определяется другими четырьмя координатами, и т.д. Если мы изучаем не одну, а "**n**" взаимосвязанных материальных систем, то, на первый взгляд, нам кажется, что количество измерений пространственно-временного континуума возрастает во Вселенной в "**n**" раз.

Например, пусть мы находимся в некоторой системе отсчета А, система В движется относительно системы А, система С движется относительно системы В, система D движется относительно системы С и т.д. Если мы одновременно изучаем три взаимосвязанные материальные системы А, В, С в их относительном движении, то количество пространственно-временных координат становится 12 вместо четырех. Но это вовсе не означает, что пространственно-временной континуум Вселенной стал якобы двенадцатимерным, потому что движение каждой системы зависит от движения других систем. Количество измерений пространственно-временного континуума равно количеству независимых координат (а не всех координат!).

В данном случае независимыми мы считаем 4 координаты той системы, где мы живем. Остальные 8 координат зависят от первых четырех и могут быть через них выражены. Таким образом, пространственно-временной континуум Вселенной является четырехмерным.

5. Многомерное пространство.

Однако это вовсе не значит, что многомерное пространство является якобы невозможной категорией. В реальном мире может существовать сколько угодно большое количество независимых координат, и поэтому многомерное пространство является реальной категорией. Подробно с понятием многомерного пространства можно ознакомиться в работах советского ученого Андрея Линде (Институт физики им. Лебедева в Москве), а также в соответствующих разделах высшей математики или теории колебаний. См., например ([74], стр.163) или ([2], стр. 366) .

6
СПЕЦИАЛЬНАЯ ТЕОРИЯ ОТНОСИТЕЛЬНОСТИ ДЛЯ СВЕРХСВЕТОВЫХ СКОРОСТЕЙ

> Вещество — самая грубая форма объективной реальности, ниже, чем энергия и ум, а следовательно, подчинено им обоим.
>
> Радж-йога

1. Специальная теория относительности для сверхсветовых скоростей ([23], стр. 143-145).

В предыдущих главах мы вкратце изложили специальную теорию относительности для досветовых скоростей. Тогда возникает вполне резонный вопрос: а существуют ли сверхсветовые скорости?

Всякая досветовая скорость принадлежит миру вещественной материи. Согласно основному закону природы, ничто материальное не может существовать без своей противоположности. Следовательно, досветовая скорость вещественной частицы не могла бы существовать, если бы не было ее противоположности — сверхсветовой скорости. Однако сверхсветовая скорость — невозможная категория вещественного мира и мира положительных энергий. Поэтому сверхсветовую скорость следует искать в мире энергоантивещества и отрицательной энергии. Это значит, что Вселенная состоит из двух противоположностей: положительной и отрицательной массы, алгебраическая сумма которых равна идеальному нулю. Досветовые скорости принадлежат миру вещества и положительной энергии, а сверхсветовые скорости — миру энергоантивещества и отрицательной энергии.

Энергия является исходным материалом и "строительными кирпичиками" удивительного многообразия всех материальных элементов и систем: начиная от мельчайших атомов и кончая громадными звездами, начиная от элементарных частиц и кончая гигантской Вселенной, начиная от неживого вещества и кончая живым существом, начиная от неразумного кварка и кончая человеческим мозгом. В связи с этим возникает вполне уместный вопрос: почему одна и та же энергия принимает различные формы? Почему в одних случаях энергия остается чистой энергией, а в других случаях превращается в вещество или антивещество? От чего непосредственно такого рода состояние материи зависит?

Чтобы дать на этот вопрос исчерпывающий ответ, мы обязаны прежде всего ввести в рассмотрение не только досветовые, но и сверхсветовые скорости. Для сверхсветовых скоростей уравнения (2), (3), (4) и (6) оказываются неприемлемыми, ибо выражаются они мнимыми числами. Однако отношение массы к длине или объему всегда остается реальным числом. Поэтому для решения поставленной выше проблемы мы введем здесь понятие плотности массы. **Плотностью** **p** принято называть количество массы, заключенной в единице объема. Она вычисляется как отношение массы тела (или частицы) m к его объему V:

$$p = m / V. \qquad (7)$$

Согласно специальной теории относительности, плотность массы равна:

$$p = \frac{p_0}{[1 - (v/c)^2]^2} \ , \qquad (8)$$

где величина $p_0 = m_0 / V_0$ называется **плотностью массы покоя**. Уравнение (8) не теряет смысла и остается одинаково справедливым при обоих значениях знаменателя: $(1 - v^2/c^2)$ и $(v^2/c^2 - 1)$. Этот факт недвусмысленно указывает на то, что оба выражения, заключенные в скобки, с точки зрения специальной теории относительности, одинаково правомочны и равноправны. Однако из уравнений (2), (3), (4) и (6) видно, что первое выражение имеет смысл только лишь для досветовых скоростей, а второе - для сверхсветовых. Поэтому выражения (2), (3), (4) и (6) для сверхсветовых скоростей могут быть переписаны в следующем виде:

$$m = \frac{m_0}{\sqrt{(v/c)^2 - 1}} \ ,$$

$$E = \frac{m_0 c^2}{\sqrt{(v/c)^2 - 1}} \ ; \qquad (9)$$

$$l = l_0 \sqrt{(v/c)^2 - 1}, \qquad (10)$$

$$t = \frac{t_0}{\sqrt{(v/c)^2 - 1}} . \qquad (11)$$

Из уравнений (3) и (9) видно, что **релятивистская масса и масса покоя всегда имеют одинаковые знаки как для досветовых, так и для сверхсветовых скоростей.** Анализ уравнений (1), (2), (3), (4), (6), (8), (9), (10), (11) показывает, что то же самое можно сказать и о категориях энергии, плотности, длины и времени. Из уравнений (3) и (9) также видно, что если та или иная материальная частица движется со скоростью света, то ее масса покоя обязана быть равна нулю. Поэтому **световые скорости** принадлежат миру поля и чистой энергии, а сама скорость света является своего рода "энергетическим барьером", через который не может "перескочить" ни одна материальная частица.

Если досветовая скорость положительной энергии уменьшается, то положительная энергия уплотняется и превращается в вещество. Чем меньше скорость, тем плотнее вещество. Если сверхсветовая скорость отрицательной энергии увеличивается, то отрицательная энергия уплотняется и превращается в энергоантивещество. Чем выше скорость, тем плотнее энергоантивещество.

2. Универсальность понятия скорости ([23], стр. 164-165).

Таким образом, состояние объективной реальности существенным образом прежде всего зависит от скорости ее движения. При этом возникает вполне естественный вопрос: не меняет ли смысла суть самой скорости по обе стороны энергетического барьера? Из уравнений (1) и (2) видно, что для сверхсветовых скоростей релятивистская длина l и чужое время t выражаются мнимыми числами. Поэтому каждая из этих двух категорий в отдельности не могут быть выражены математически одновременно для обоих миров: досветовых и сверхсветовых скоростей.

Однако скорость чужого объекта относительно нас есть отношение пройденного им пути l_o к промежутку времени t, который отсчитывается нашими часами. В то же время скорость может быть представлена как отношение пройденного пути l в нашей системе отсчета к промежутку времени t_0, который отсчитывается чужими часами:

$$v = l_0/t = l/t_0, \qquad (12)$$

Подставив в это уравнение значения соответствующих символов из уравнений (1) и (2), мы убеждаемся, что скорость (в отличие от пути и времени) имеет одинаковый смысл как для мира досветовых скоростей, так и для мира сверхсветовых скоростей.

7
ПАРАДОКСЫ ПРОСТРАНСТВА

1. Парадокс длины.

Парадокс — это кажущаяся нелепость. Из уравнения (2) видно, что относительная длина объекта всегда короче, чем его подлинная длина. В известном смысле слова можно сказать, что движущееся твердое тело короче, чем то же тело, находящееся в покое, причем тем короче, чем быстрее оно движется. При световых скоростях ($v = c$) получаем, что $l = 0$. Однако движение вещественного тела со световой скоростью $c = 299\ 792$ км/сек не представляется возможным вообще. Если мы (жители Земли) все-таки мысленно вообразим себе, что какая-то ракета движется относительно нас со скоростью света c, то сколь угодно большая длина этой ракеты представилась бы нам равной нулю. Вследствие этого в нашем воображении создается иллюзия о том, что якобы понятие длины для такой ракеты лишено всякого смысла.

Ошибочность такой иллюзии станет ясной, если мы с вами мысленно представим себя пассажирами этой ракеты. Тогда нам будет представляться, что не мы движемся относительно Земли, а Земля движется относительно нас со скоростью света. Следовательно, теперь нам будет представляться равной нулю не длина ракеты, на которой мы летим, а соответствующий размер Земли. Вследствие этого в нашем воображении будет создаваться обратная иллюзия о том, что якобы лишено всякого смысла понятие продольного размера Земли, а не ракеты, хотя на самом деле, по нашим нынешним представлениям, диаметр Земли в любом направлении равен примерно 12 740 км.

2. Парадокс протяженности пространства.

Из уравнения (2) видно, что если какая-нибудь инерциальная система движется относительно нас со сверхсветовой скоростью, то релятивистская длина (а не длина покоя!) становится мнимым числом. Это значит, что передача материального сигнала о размерах вещественного тела из мира сверхсветовых скоростей к нам (и наоборот!) физически не представляется возможной. Однако это ни в коей мере не означает, что для мира сверхсветовых скоростей категория протяженности якобы не существует.

Это станет понятным, если мы с вами мысленно соорудим космический корабль, называемый тахионом, на котором со сверхсветовой скоростью будем удаляться от Земли. При этом нам представится, что не мы удаляемся от Земли, а Земля удаляется от нас со сверхсветовой скоростью. Тогда, по нашим тахионным представлениям, соответствующий релятивистский диаметр Земли станет мнимым числом, хотя на Земле нет никакого мнимого размера, а есть нормальные земные размеры: длина, ширина, высота, диаметр и т. д., доступные жителям Земли, но недоступные воображаемым пассажирам тахиона. По этой причине мы не в состоянии произвести практические измерения размеров тех физических тел, которые движутся относительно нас со скоростью, равной или большей, чем скорость света, хотя объективно, то есть независимо от нашего сознания, физическое тело может обладать конкретными размерами, даже если оно движется со сверхсветовой скоростью.

Но в чем же заключается суть столь парадоксального факта? Все дело в том, что для разных инерциальных систем отсчета одно и то же физическое тело обладает одинаковой длиной покоя, но различной релятивистской (относительной) длиной. Например, если подлинная длина ракеты равна 100 м, то она всегда так и останется равной 100 м независимо от того, где ракета находится или с какой скоростью она летит. Другое дело релятивистская длина, которая определенно зависит от скорости полета ракеты относительно наблюдателя. С уменьшением скорости релятивистская длина ракеты возрастает, асимптотически приближаясь к длине покоя, которую она достигает при нулевой скорости. С ростом скорости релятивистская длина ракеты уменьшается, асимптотически приближаясь к нулевой длине, которую она достигнет при световой скорости.

То же самое можно сказать и о подлинном диаметре Земли, который всегда остается равным 12 740 км, независимо от того, относительно чего и с какой скоростью она движется. Таким образом, если бы какая-либо ракета летела относительно Земли со скоростью света, то релятивистская длина ракеты была бы равна нулю для жителей Земли, а релятивистский диаметр Земли был бы равен нулю для пассажиров ракеты. Для тех и других подлинная длина ракеты и подлинный диаметр Земли всегда остаются неизменными величинами.

Но стоит ракете приземлиться, как все относительные измерения в обеих системах окажутся равными соответствующим размерам покоя.

Выражаясь простым языком, чужие размеры всегда представляются нам меньше собственных (подлинных). Такая относительность размеров физического тела чем-то напоминает нам относительность визуального представления людей о размерах друг друга. Если двух людей отделяет друг от друга открытое пространство протяженностью 1-3 км, то каждому из них свои собственные размеры представляются значительно большими, чем размеры другого. Но тогда возникает вполне уместный вопрос: почему релятивистская длина подвижного тела всегда представляется нам меньше подлинной его длины?

Сначала в качестве примера рассмотрим электрический заряд в атоме водорода. Постороннему наблюдателю представляется, что электрический заряд атома равен нулю. Но, "проникнув" во внутренний мир атома, мы обнаруживаем, что электрический заряд атома равен вовсе не нулю, а нулевой сумме противоположных электрических зарядов. Чем глубже мы проникаем в мир атома, тем отчетливее мы представляем разницу между нулем и нулевой суммой этих зарядов.

Из этого примера видно, что если мы смотрим на вещи "со стороны", то нам свойственно отождествлять нуль с нулевой суммой, хотя, как мы уже знаем, это далеко не одно и то же Нуль есть тривиальность (небытие), которая не содержит в себе никаких компонентов вообще, в то время как нулевая сумма есть объективная реальность (бытие), состоящая из компонентов, равных по величине, но противоположных по знаку. Компонентные противоположности нулевой суммы мы обнаруживаем в полной мере лишь тогда, когда мы полностью проникаем в мир этих противоположностей.

Любое вещественное тело представляет собой по существу концентрат положительной энергии, обладающий массой покоя, объемом и размерами. Это означает, что энергия покоя, масса покоя, объем или размеры того или иного тела характеризуются в основном степенью концентрации положительной энергии вещества на фоне отрицательной энергии пространственной непрерывности. Соотношение между положительной энергией вещества и отрицательной энергией пространства мы можем оценить в полной мере лишь потому, что мы живем в мире этих противоположностей. Чем больше скорость движения какого-либо тела относительно нас, тем дальше и быстрее мы удаляемся от него и тем больше его положительная энергия в нашем представлении "сливается" с отрицательной энергией окружающего пространства.

Если бы мы двигались относительно Земли со скоростью света, то мы бы вышли из мира досветовых скоростей. Тогда нулевая сумма положительной энергии Земли и отрицательной энергии окружающего ее пространства представлялись бы нам нулем. Поэтому если бы мы были жителями фотона, то энергия покоя, масса покоя, объем и все размеры Земли представились бы нам равными нулю.

Если бы мы смотрели на нашу Вселенную "со стороны", то мы бы на ее месте не увидели ровным счетом ничего, ибо состоит наша Вселенная из нулевой суммы громадного множества реальных противоложностей. Аналогично, мы не видим ровным счетом ничего, когда смотрим на иные миры "со стороны" из нашей Вселенной.

3. Парадокс фотона и светового поля.

Объем и все геометрические размеры фотонов равны идеальному нулю. В то же время световое поле состоит исключительно из фотонов. Тогда возникает вполне уместный вопрос: каким образом фотоны, не обладающие никаким объемом, образуют световое поле, обладающее громадным объемом?

Такой парадокс аналогичен "парадоксу мошки". Если в вашу комнату ворвалась мошка размерами меньше миллиметра и летает по комнате неустанно и быстро, то она не даст вам покоя нигде: куда бы вы ни пытались от нее спрятаться, она непременно будет там. Тем не менее вы не сможете поймать ее нигде. Теперь представьте себе, что скорость ее полета возрастет в миллионы раз и достигнет световой скорости, вследствие чего ее размеры уменьшаются до нуля. Тогда мошка займет все пространство вашей комнаты, хотя ее собственный объем будет равен нулю, и вы не сможете ее нигде обнаружить. В нашем примере мы рассматриваем "вездесущее" присутствие одной-единственной безразмерной мошки. Однако пространство вашей комнаты состоит не из одного, а из несметного множества антифотонов.

4. Парадокс антифотона и физического пространства.

Объем и все геометрические размеры антифотонов равны идеальному нулю. В то же время физическое пространство состоит исключительно из антифотонов. Тогда возникает вполне уместный вопрос: каким образом антифотоны, не обладающие никаким объемом, образуют физическое пространство, обладающее громадным объемом всей

Вселенной?

Если фотоны, не обладающие никаким объемом, образуют световое поле, обладающее объемом, то совершенно аналогично бушующие волны антифотонов, не обладающих никаким объемом, образуют физическое поле вакуумного пространства, обладающего объемом.

Сумма сколь угодно большого количества нулей есть нуль. Поэтому если объем антифотона равен нулю, то он, подобно фотону, создает пространство не за счет своего объема, а за счет своего движения.

Для лучшего понимания относительности пространственной протяженности полезно рассмотреть пример так называемой "патрульной машины", который я привел в своих предыдущих книгах, см. ([24], стр.122-125), ([23], стр.70-72), [25].

5. Транзитные цивилизации.

Возможно, физическое пространство состоит не только из безразмерных антифотонов, но и из энергетической противоположности вещества. Но тогда скорость энергоантивещества должна быть выше скорости фотона. Однако мы не можем обнаружить энергоантивещество, потому что оно спрятано от нас скоростным барьером в недоступном для нас мире сверхсветовых скоростей В пользу такого предположения говорит тот факт, что в недрах антифотонов или вакуумного пространства должны проживать транзитные цивилизации, способные перерабатывать идеальную информацию Бога в материальные коды физической Вселенной, а материальные коды физической Вселенной - в идеальную информацию. Для этой цели этим цивилизациям должны быть доступны интервалы скоростей — от бесконечно большой скорости информации Бога до световой скорости энергетических кодов. А нулевой объем возможен только лишь при световой скорости.

8
ПАРАДОКСЫ ВРЕМЕНИ
([23], стр.101-106, 109–117)

> Перепутать подлинное время
> с относительным временем − это
> все равно, что перепутать человека
> с его фотографией.
>
> Исай Давыдов

1. Фотонный парадокс времени.

Из уравнения (1) видно, что если мы с вами живем на Земле, а какой-то фотон приближается к нам со скоростью света ($v = c$), то по нашим представлениям на фотоне протекает нуль времени ($t_0 = 0$) за сколь угодно большой промежуток времени t, протекающий на Земле, то есть промежуток чужого времени t для Земли равен бесконечности, тогда как промежуток собственного времени для фотона равен нулю: $t_0 = 0$. Поэтому, по нашим земным представлениям, на фотоне все события протекают мгновенно и с бесконечно большой скоростью, хотя сам фотон относительно нас движется с конечной скоростью, равной 299 792 км/сек. Вследствие этого в нашем воображении создается иллюзия о том, что якобы понятие времени для внутреннего мира фотона лишено всякого смысла. Это дает повод некоторым наиболее прогрессивным атеистам заявить, что якобы лишены всякого научного содержания вопросы: "А что было еще раньше? Было ли у Вселенной начало?" ([91], стр.15) .

Ошибочность такой иллюзии станет понятной, если мы с вами мысленно переселимся в мир фотона. Тогда нам будет представляться, что не фотон летит к Земле, а Земля приближается к фотону со световой скоростью. Следовательно, теперь нам будет представляться, что на Земле протекает нуль времени за сколь угодно большой промежуток времени, протекающий на фотоне, то есть промежуток чужого времени t для фотона равен бесконечности, тогда как промежуток собственного времени для Земли равен нулю: $t_0 = 0$. Поэтому по нашим представлениям, то есть по представлениям жителей фотона, на Земле все события протекают мгновенно и с бесконечно большой скоростью. Вследствие этого в нашем воображении создается обратная иллюзия о том, что якобы понятие времени на Земле лишено вякого смысла, хотя на самом деле на Земле нет никаких мгновенных событий и нет никаких бесконечно больших скоростей. Но стоит в нашем примере фотону приземлиться, как мы сразу же увидим, что время в недрах фотона протекает так же, как и на Земле.

Читатель уже знает, что фотон есть квант энергии, у которого вес, объем и все размеры равны нулю. Поэтому у него возникает вполне естественный вопрос: как мы — живые люди, обладающие объемом и весом, можем представлять себя пассажирами фотона, имеющего нулевые размеры? Ответ на этот вопрос может быть получен из научной теории выдающегося ученого М.А.Маркова [54], согласно которой в элементарных частицах (таких, как фотон) могут существовать "живые и даже разумные существа... Самое любопытное — удивительная идея Маркова совершенно не противоречит фундаментальным законам физики!", см.([90], стр. 206) .

Итак, если какой-либо фотон летит относительно нас со скоростью света, то согласно специальной теории относительности нам (жителям Земли) представляется, что в недрах фотона якобы протекает нуль времени за сколь угодно большой промежуток времени, протекающий на Земле. Воображаемым жителям фотона представляется все наоборот, что на Земле протекает якобы нуль времени за сколь угодно большой промежуток времени, протекающий в недрах фотона. Тогда я задаю вопрос: чему **в действительности** равен тот промежуток времени, который протекает между двумя любыми событиями?

Величина t_0 - это подлинное (объективное, абсолютно точное, собственное) время, **независимое** от возможностей субъекта и качества измерений. Величина t - это относительное (субъективное, неточное, чужое) время, **зависящее** от возможностей субъекта и качества измерений.

Относительное время есть искаженная копия подлинного времени. Чем меньше разница между относительной скоростью инерциальной системы отсчета "v" и скоростью сигнала "c", тем выше степень искажения. При v = c истина искажается полностью, на 100%. Подлинное время выступает как предел, к которому с уменьшением степени искажения стремится относительное время, но которого оно никогда не достигнет. Перепутать подлинное время с относительным временем — это все равно, что перепутать объект с субъектом.

Фотонный парадокс времени в теории относительности заключается не в каких-либо таинственных или сказочных явлениях, а в том, что неискушенному человеку свойственно путать такие противоположные понятия, как "подлинное время" и его искаженную копию – "относительное время".

Масштаб собственного (подлинного) времени для всех инерциальных систем отсчета остается постоянным, тогда как масштаб чужого (относительного) времени изменяется в зависимости от относительной скорости. Если в сколь угодно большом количестве инерциальных систем отсчета установлены совершенно одинаковые часы, то промежутки собственного (подлинного) времени, отсчитываемые этими часами, всегда остаются одинаковыми. Изменяется только лишь ход чужого (относительного) времени, а не собственного.

В мире досветовых скоростей промежуток чужого (относительного) времени, то есть промежуток времени между любыми чужими событиями, отсчитанный по своим часам, возрастает с увеличением относительной скорости движения той системы, в которой эти события происходят. В своей системе отсчета время всегда больше, а длина всегда меньше, чем в чужой системе отсчета. Поэтому чужие секунды представляются нам своими веками, если эта чужая система движется относительно нас со скоростью, близкой к скорости света. Первобытная Вселенная состояла из фотонов и антифотонов, которые разлетались со скоростью света. Вот почему **каждый библейский день представляется нам двумя миллиардами земных лет.**

Если для нас (жителей Земли) относительное время представляется бесконечно большим, а подлинное время — бесконечно малым, то это вовсе не означает, что в недрах фотона или фотонной плазмы нет якобы никакого времени, никакого "раньше" или "позже". Это означает только лишь то, что для измерения сколь угодно малого промежутка времени, протекающего в недрах фотона, жителям Земли потребуется бесконечно большой промежуток времени. И это потому, что в нашем распоряжении нет достаточно быстрых средств сигнализации. Если бы в нашем вещественном мире существовали сигналы, которые можно посылать или получать с бесконечно большой скоростью, то относительное время было бы равно подлинному, абсолютно точному времени.

2. Тахионный парадокс времени

Из уравнения (1) видно, что если какая-нибудь инерциальная система движется относительно нас со сверхсветовой скоростью, то чужое время (но не собственное!) становится мнимым числом. Это значит, что передача материального сигнала о продолжительности происходящих событий из мира сверхсветовых скоростей к нам (и наоборот!) физически не представляется возможным. Однако это ни в коей мере не означает, что для мира сверхсветовых скоростей категория времени якобы не существует. Это станет понятным, если мы с вами мысленно соорудим корабль, называемый **тахионом**, на котором со сверхсветовой скоростью будем удаляться от Земли. При этом нам представится, что не мы удаляемся от Земли, а Земля удаляется от нас со сверхсветовой скоростью.

Тогда чужое (земное, а не тахионное!) время, отсчитываемое по нашим (тахионным!) часам, станет мнимым числом, хотя на Земле нет никакого мнимого времени, а есть нормальное земное время, доступное жителям Земли, но недоступное воображаемым жителям тахиона. По этой причине в рамках специальной теории относительности наш интеллект не в состоянии представить себе суть продолжительности времени для тех систем, которые движутся относительно нас со скоростью, равной или большей, чем скорость света, хотя объективно, то есть независимо от нашего сознания, собственное время существует для любых реальных систем, даже если они движутся с бесконечно большими скоростями.

Поэтому вопросы: "А что было еще раньше? Было ли у Вселенной начало?" — вовсе не лишены научного содержания, ибо объективная последовательность событий существует всегда, хотя мы очень часто и не имеем объективных возможностей установить эту последовательность. Но наука на то и есть наука, чтобы на основании доступных опытов сделать умозаключение там, где эксперимент невозможен. Человеческому интеллекту недоступны только лишь абсолютные категории вечного и бесконечного Идеального Мира, однако любая относительная истина может быть человеком познана.

В чужой системе отсчета относительное (а не подлинное!) время всегда зависит от скорости движения объекта относительно наблюдателя. Если эта скорость меньше скорости света ($v < c$), то чужое время имеет конечную величину и мы всегда можем сказать: "раньше" или "позже". Если эта скорость равна скорости света ($v = c$), то чужое время в нашем представлении сливается в нуль. Если же эта скорость больше скорости света ($v > c$), то чужое время в нашем представлении выражается мнимым числом.

Это означает, что мы практически не можем измерять время в чужой системе отсчета, если эта чужая система движется относительно нас со скоростью, равной или превышающей скорость света. Но это вовсе не означает, что в такой чужой системе отсчета время якобы не протекает вообще. Теоретически мы всегда можем вычислить любой промежуток времени в любой чужой системе отсчета, если эта чужая система движется относительно нас с любой конечной скоростью и если мы мысленно переселимся в нее, ибо, мысленно переселившись в чужую систему отсчета, мы может вычислять ее время как свое собственное время. Наши теоретические рассуждения беспомощны только лишь в мире бесконечно больших скоростей и абсолютного нуля.

Подлинное время не может быть определено непосредственно нашим субъективным интеллектом. Мы осознаем любой промежуток времени только лишь через посредство материальных сигналов, характеризующих продолжительность тех или иных реальных событий. Эти сигналы перерабатываются нашим мозгом в идеальную информацию и только лишь после этого информация о продолжительности времени становится достоянием нашего интеллекта.

Если с ростом досветовой скорости сигналы искажают (увеличивают) продолжительность чужого времени в нашем представлении, то при сверхсветовых скоростях передача сигналов оказывается невозможной вообще. Вот почему мы не в состоянии физически воспринять и умственно осознать то время, которое объективно существует в мире сверхсветовых скоростей.

Тахионный парадокс времени в теории относительности заключается не в том, что в мире сверхсветовых скоростей якобы нет никакого подлинного времени, а в том, что в распоряжении человека нет сигналов, которые можно было бы передать от мира досветовых скоростей в мир сверхсветовых скоростей, и наоборот.

3. Парадокс близнецов.

Доктор Филип Берг изображает "парадокс близнецов" следующим образом ([9], стр. 47-48):

"Один из близнецов отправляется в космическое путешествие на борту ракетного космического корабля, движущегося со скоростью, превышающей скорость света, тогда как второй остается на Земле и ожидает возвращения своего брата через несколько лет. Возвратившись на Землю, космический путешественник находит своего оставшегося дома брата заметно состарившимся, тогда как с ним этого не произошло.

На борту космического корабля, движущегося со скоростью, близкой к световой, такие биологические параметры, как частота сердцебиения, ритм мозговой деятельности и ток крови значительно замедляются. Время приспосабливается к космической системе отсчета".

Парадокс близнецов в теории относительности заключается не в приспособляемости подлинного времени к субъективной системе отсчета, а в том, что неискушенному человеку свойственно путать такие противоположные понятия, как "подлинное время" и ее искаженную копию — "относительное время". Человек стареет по истечении подлинного, а не относительного времени. А подлинное время от относительной скорости систем отсчета не зависит.

Более того, если вещественное тело движется со скоростью, близкой к скорости света, то оно теряет массу покоя и превращается в чистую невесомую энергию. Так что о приспособляемости биологического организма к движению со скоростью света не может быть и речи.

Непосредственное восприятие подлинного времени нашим сознанием не представляется возможным. Наши субъективные представления о времени создаются под воздействием вещественных или энергетических сигналов, которые мы получаем об объективно происходящих событиях. Передаваемые сигналы зависят от относительной скорости той системы, в которой происходят рассматриваемые события. Поэтому представление наблюдателя о времени, протекающем в той или иной системе, также зависит от скорости движения этой системы по отношению к наблюдателю. Однако представление наблюдателя о времени не есть само подлинное время.

4. Дедушкин парадокс или путешествие в прошлое ([25], стр. 201).

Некоторые фантасты усматривают в теории относительности возможность вернуться в прошлое. В самом деле, прошлое можно увидеть сегодня "своими собственными глазами". Например, свет от многих звезд идет на Землю миллиарды лет. Поэтому мы "видим" сегодня их такими, какими они были миллиарды лет тому назад. Но это вовсе не означает, что якобы мы сами объективно вернулись в прошлое с давностью в миллиарды лет.

"Дедушкин парадокс" есть результат смешивания таких понятий, как интеллект и интеллектуал. Интеллект есть высокоразвитый ум, а интеллектуал есть тот, кто владеет этим умом. Дедушка и внук — это интеллектуалы. Внук не может опередить деда потому, что они могут двигаться во времени только лишь в одном направлении, только лишь в будущее с определенной скоростью и в определенной последовательности. Однако интеллекты или умы этих людей обладают мыслями, которые могут "заглянуть" как в будущее, так и в прошлое. Если понять это, то никакого "парадокса дедушки" не будет.

Такой парадокс времени остается парадоксом только лишь в сознании субъекта, а не в объективной действительности. **Объективное время не имеет никакого движения назад.** Назад может оглянуться только лишь сознание субъекта, а не объективная действительность. Даже возможность движения материальной точки в обоих направлениях по прямой линии является **кажущимся** и **парадоксальным**, ибо в самом деле во Вселенной нет никаких прямых линий, никакого хода вперед и назад, а есть движение по кругу: в какую бы сторону вы ни пошли, вы придете туда, откуда пришли.

Парадокс путешествия в прошлое заключается не в каких-либо таинственных или фантастичных явлениях, а в том, что неискушенному человеку свойственно путать такие понятия, как "вернуться в прошлое" и "увидеть прошлое". Объективно у подлинного времени нет пути назад.

Согласно Н.С.Кардашеву ([90], стр.69 и 311) наблюдатель увидит все будущее Вселенной, когда он входит в мир фотона, и все прошлое Вселенной, когда он выходит из недр фотона. Ясно, что время в Материальном Мире состоит из двух внутренних противоположностей: прошлого и будущего. По всей вероятности, если бы мы смотрели на нашу Землю "со стороны", из недр фотона, то вся история Земли представилась бы нам нулем или нулевой суммой положительного и отрицательного времени, ближайшего будущего и прошлого: t = (3 млрд лет) + (-3 млрд лет) = 0. Вот почему при "переходах" из нашего мира в мир фотона и обратно мы бы увидели будущее и прошлое, но, будучи постоянными жителями фотона, мы бы не увидели никакой истории Земли вообще.

Доктор Филип Берг изображает "дедушкин парадокс" следующим образом:

"Математические формулы, правда, допускают путешествие во времени в обоих направлениях, но в большинстве случаев такого рода парадокс относят к области научной фантастики. Самым распространенным возражением против идеи путешествия во времени в двух направлениях является так называемый "дедушкин парадокс". Отправляясь путешествовать в прошлое, человек должен постараться прибыть туда в такое время, в которое он мог бы встретить своих дедушек и бабушек, ибо в противном случае он окажется во временной точке, в которой он еще не родился".

5. Парадокс пространства и времени.

Время является идеальной категорией. Поэтому мы, как обитатели физического мира, не можем измерить само подлинное время, а пользуемся косвенными методами его определения: посылкой и приемом сигналов, ходом часов, вращением Земли и т.д. Погрешности измерения времени при помощи сигналов и приводят нас к парадоксам.

Время покоя равно релятивистскому времени ($t_0 = t$), а длина покоя равна релятивистской длине ($l_0 = l$) — либо если скорость движения объекта относительно наблюдателя равна абсолютному нулю ($v = 0$), либо если в распоряжении наблюдателя имеются сигналы (или информация), которые он может посылать и принимать с бесконечно большой скоростью ($c = \infty$). И то и другое являются невозможными категориями Материального Мира и необходимыми категориями Абсолютного Мира. Даже если измеряемое тело находится неподвижно на Земле, то его скорость относительно нас в процессе измерения длины не может быть в точности равна нулю, ибо произвести замеры тела — это значит двигаться относительно него с какой-то ненулевой скоростью.

Поэтому в нашем представлении релятивистское время никогда не может быть равно в абсолютной точности времени покоя, а релятивистская длина — длине покоя. Понятия длины и времени в нашем субъективном сознании всегда как бы раздваиваются. Чем выше скорость движения объекта, тем яснее мы ощущаем эту разницу. Если скорость объекта мала, то эта разница остается незаметной. Если же скорость объекта близка к скорости света, то эта разница ошеломляет нас, ибо сколь угодно малая величина становится эквивалентной сколь угодно большой величине.

Такого рода **парадокс пространства и времени** в теории относительности заключается не в каких-либо таинственных или сказочных явлениях, а в том, что для практического измерения этих величин в нашем распоряжении нет сигналов, которые мы могли бы посылать и принимать со скоростями, превышающими скорость света. Если бы в нашем распоряжении были только звуковые сигналы и не было световых сигналов, т.е. если бы скорость звука оказалась наибольшей из всех доступных нам скоростей, то парадокс пространства и времени в наиболее яркой форме наступил бы уже при звуковой скорости.

Если бы в нашем распоряжении были сигналы, скорость которых могла превысить скорость света в к раз (где к>> 1), то при световых скоростях парадокс пространства и времени оказался бы незаметным. Такого рода парадокс в наиболее яркой форме наступил бы при скоростях, превышающих скорость света в к раз. Если бы в нашем распоряжении были какие-либо средства измерения: сигналы или информация, обладающие бесконечно большими скоростями ($c = \infty$), то никакого парадокса пространства и времени не было бы вообще.

Опираясь на современные данные естественных наук, мы можем сформулировать **парадоксы пространства и времени** следующим образом:

Парадокс пространства и времени в теории относительности заключается не в каких-либо таинственных или сказочных явлениях, а в том, что для практического измерения этих величин в на-

шем распоряжении нет сигналов, которые мы могли бы принимать и посылать с бесконечно большими скоростями. Причиной такого парадокса является путаница подлинного времени с измеряемым временем.

Парадокс пространства и времени в специальной теории относительности является одним из многочисленных факторов, которые представляют объективную (точную) истину как предел, к которому субъективная (искаженная) истина всегда стремится, но которого она никогда не достигнет.

Раздел 2
СИГНАЛЬНО-ИНФОРМАЦИОННАЯ СВЯЗЬ
стр. 74-115

9
ДИАПАЗОН ВОЗМОЖНЫХ СКОРОСТЕЙ ДЛЯ МАТЕРИАЛЬНЫХ КАТЕГОРИЙ

1. Парадокс массы и энергии

Согласно формуле (3), при световой скорости релятивистская (инертная) масса элементарной частицы со сколь угодно малой массой покоя равна бесконечнсти. В связи с этим у неискушенного человека возникает нелепая мысль о том, что якобы нуль равен бесконечности.

На самом же деле, если вещественная частица является энергетически изолированной и консервативной системой ($E = const$), то с увеличением досветовой скорости величина массы покоя m_0 убывает. Если $v = c$, то $m_0 = 0$. Это значит, что при световой скорости весомое вещество полностью превращается в чистую невесомую положительную энергию. А положительная энергия в обычных условиях не переходит в мир сверхсветовых скоростей.

Парадокс массы и энергии в теории относительности заключается не в каких-то таинственных сказках о весомых элементарных частицах, обладающих якобы бесконечно большим количеством энергии, а в том, что весомое вещество обязано превратиться в невесомую энергию, если его досветовая скорость приближается к скорости света.

2. Резонанс и скоростной барьер.

Зависимость релятивистской энергии E от отношения скоростей v/c при постоянном, но не равном нулю значении энергии покоя E_0 изображена графически на рис.7 в работе ([23], стр.143-168).

Из формул (3) и (9) видно, что скорость движения вещества всегда меньше скорости света, а скорость движения энергоантивещества всегда больше скорости света. Движение со световой скоростью ($v = c = 299\ 792$ км/сек) для любой весомой частицы является не только энергетически самой невыгодной, но практически недостижимой и непреодолимой, ибо движение тела с такой скоростью требует бесконечно больших энергетических затрат, если даже его масса покоя будет сколь угодно малой, но не равной нулю, величиной.

Поэтому световую скорость ($v = c$) мы называем **критической, барьерной** или **резонансной**, а не предельной. Скорость света мы называем **критической** скоростью потому, что устойчивое существование весомой материи (вещества или антивещества) при такой скорости не представляется возможным вообще. **Барьерной** мы ее называем потому, что через нее невозможно перескочить. **Резонансной** мы называем эту скорость по следующей причине: если бы скорость весомой материи как-то пересекла критическую скорость, то ее энергия вела бы себя так же, как ведет себя амплитуда обобщенной координаты в теории незатухающих колебаний при прохождении через главный резонанс. Условие, которое требует бесконечно большого количества энергии для прохождения весомой частицы или весомого тела через световую скорость, мы называем **энергетическим или скоростным барьером**.

76

3. Бесконечно малая велична диапазона барьерной скорости.

В Материальном Мире нет ничего абсолютного. Следовательно, в нем нет и никакой абсолютной точности. Всякая точность относительна. Поэтому не следует ожидать, что скорости фотонов и антифотонов будут равны барьерной скорости "c" в абсолютной точности. Напротив, они должны отличаться друг от друга на чрезвычайно малую величину, которую мы не можем уловить практически ввиду ее чрезвычайной малости. Если, пренебрегая величинами высокого порядка малости, мы говорим, что фотон и антифотон рождаются в паре при критической скорости, то с учетом величин любой степени малости мы обязаны сказать, что они рождаются по разные стороны барьера в чрезвычайной близости от него.

Если скорость света ниже барьерной на сколь угодно малую величину, то фотоны не могут увеличить свою скорость и преодолеть энергетический барьер. Поэтому фотоны не могут внедриться в антифотоны и аннигилировать. Если скорость антифотонов выше барьерной на сколь угодно малую величину, то антифотоны не могут снизить свою скорость, преодолеть энергетический барьер и аннигилировать с фотонами. Мир досветовых скоростей недоступен для антифотонов точно так же, как мир сверхсветовых скоростей недоступен для фотонов.

Вот почему в нашем мире досветовых скоростей мы легко обнаруживаем фотоны, но не можем обнаружить вакуумные антифотоны. Живые существа и вещественные приборы, состоящие из положительной энергии, в принципе не могут обнаружить античастицы, состоящие из отрицательной энергии. В работе ([83], стр.274) доказано, что если в заданной инерциальной системе отсчета скорость частицы меньше критической, то и в любой другой инерциальной системе отсчета ее скорость также меньше критической.

4. Устойчивые формы движения.

Из физики и химии известно, что наиболее устойчивым является такое состояние вещества, при котором его энергия минимальна, см., например ([21], стр.88), ([23], стр.146) или ([96], стр.38-41). Согласно вариационному принципу Гамильтона-Остроградского, из всех возможных реализуется только лишь такое механическое движение, которое требует минимума энергетических затрат. Поэтому физические частицы и тела стремятся реализовать такие скорости движения, при которых энергия минимальна.

Из формул (4) и (9) видно, что движение материи становится энергетически более выгодным с уменьшением отрицательной энергии антивещества, происходящим по мере уменьшения его сверхсветовой скорости, или с уменьшением положительной энергии вещества, происходящим по мере уменьшения его скорости от критической до нулевой величины.

По мере снижения досветовой скорости вещества или сверхсветовой скорости антивещества движение становится энергетически более выгодным. По этой причине вещество имеет тенденцию снижать свои докритические скорости, а энергоантивещество — свои сверхкритические скорости, не пересекая, однако, критическую скорость.

5. Вещество и антивещество.

Положительная энергия может существовать не только в форме сплошной непрерывности невесомого поля, волны которого движутся со скоростью света, но и в форме весомого вещества, скорость движения которого всегда ниже скорости света. Точно так же отрицательная энергия может существовать не только в форме сплошной непрерывности невесомого и незримого вакуума, волны которого движутся со скоростью света, но и в форме весомого энергоантивещества, скорость движения которого всегда выше скорости света. Как черное тело невозможно увидеть в темноте, так энергоантивещество не может быть обнаружено в физическом пространстве. Такого рода энергоантивещество находится по ту сторону скоростного барьера и поэтому отталкивается от вещества антигравитационными силами, стремясь уйти от него как можно дальше.

Если бы мы могли как-то взвесить энергоантивещество, то нам бы пришлось весы поставить не на земле, а над землей, то есть энергоантивещество пришлось бы поставить не на весы, а между весами и землей. Однако если бы нам как-то удалось заключить большое количество вещества и энергоантивещества в чрезвычайно малом объеме, то их слияние и совместная катастрофичная аннигиляция (исчезновение), оказались бы неизбежными. Примером может служить Тунгусский метеорит, который вряд ли был вещественным телом и состоял из антивещества.

6. Диапазон возможных скоростей для вещества.

Мы уже знаем, что весомая материя ни в коем случае не может пересечь критическую скорость. Если весомая частица движется с докритической скоростью, то она не может самопроизвольно преодолеть энергетический барьер и перейти в мир сверхкритических скоростей. При насильственном переходе через скоростной барьер положительный знак квадратного корня в уравнениях (3) и (9) должен поменяться на отрицательный. Это указывает на то, что частица должна превратиться в античастицу, для чего ей понадобилось бы сначала увеличить свою энергию до положительной бесконечности, далее уменьшить ее от положительной бесконечности до нуля, а затем — от нуля до отрицательной бесконечности, что практически невозможно. Однако если бы частице как-то удалось проскочить через скоростной барьер, не превратившись в античастицу, то знак корня оставался бы положительным.

Любое весомое вещество, обладающее положительной массой покоя, может существовать в нашей Вселенной только лишь в состоянии движения при досветовых скоростях. Если бы весомое вещество достигло световой скорости, то оно превратилось бы в чистую невесомую энергию.

7. Диапазон возможных скоростей для энергоантивещества.

Если весомая энергоантичастица движется со сверхкритической скоростью, то она не может преодолеть энергетический барьер и перейти в мир

80

докритических скоростей самопроизвольно. При насильственном переходе через скоростной барьер положительный знак квадратного корня в уравнениях (3) и (9) должен поменяться на отрицательный. Это указывает на то, что энерго-античастица должна превратиться в частицу, для чего ей понадобилось бы сначала уменьшить свою энергию до отрицательной бесконечности, далее увеличить ее от отрицательной бесконечности до нуля, а затем — от нуля до положительной бесконечности, что практически невозможно.

Однако если бы античастице, имеющей отрицательную массу покоя, как-то удалось проскочить через скоростной барьер, не пре-вратившись в частицу, то знак корня оставался бы отрицательным. Согласно вариационному прин-ципу Остроградского-Гамильтона, экономная приро-да не может позволить себе такой непростительной роскоши, как передача антивещественных сигналов от мира сверхкритических скоростей в наш мир докритических скоростей, и наоборот. Вот почему мы не можем обнаружить антифотоны и другие энергоантичастицы, несмотря на то что они непрерывно проносятся у нас под самым носом.

Любое весомое антивещество, обладающее отрицательной массой покоя, может существовать в нашей Вселенной только лишь в состоянии движе-ния при сверхсветовых скоростях. Поэтому мы не можем его обнаружить до тех пор, пока его скорость не станет ниже (или равна) критической. Но если бы весомое энергоантивещество достигло световой скорости, то оно превратилось бы в чистую невесо-мую энергию пространственного вакуума.

Специальная теория относительности достоверно установила, что передача и прием вещественных сигналов со сверхсветовой скоростью не представляется возможным. Если бы сверхсветовая скорость вещества существовала в нашей Вселенной на самом деле, то мы рано или поздно обнаружили бы ее, ибо вещественные приборы в принципе могут зарегистрировать любые формы изменения положительной энергии. Поэтому **сверхсветовые скорости могут принадлежать только лишь миру антивещества, обладающего отрицательной массой покоя.** Античастицы, обладающие отрицательной массой покоя и движущиеся со сверхсветовой скоростью, принято называть **тахионами,** см. ([45]стр.128-130) или ([83]стр.283-289). Мы называем их **энерго-античастицами,** так как они представляют собой энергетическую противоположность частиц.

8. Волновое движение невесомой энергии.

Хотя масса покоя поля как чистой формы положительной энергии равна нулю, его релятивистская масса не равна нулю, ибо она положительна. Из уравнения (3) видно, что по этой причине невесомые элементарные частицы положительной энергии (фотоны) могут существовать только лишь в состоянии волнового движения при световой (критической) скорости: с = 299 792 км/сек. Всякие другие скорости для них совершенно неприемлемы. Аналогично: масса покоя вакуума равна нулю, а его релятивистская масса отрицательна, то есть не равна нулю.

Из уравнения (8) видно, что по этой причине невесомые элементарные частицы отрицательной энергии вакуума (антифотоны) могут существовать только лишь в состоянии волнового движения при световой (или почти световой!) скорости: с = 300 000 км/сек. Всякие другие скорости для них также совершенно неприемлемы. Это значит, что в громадном энергетическом океане пространственного вакуума Вселенной, который внешне нам кажется совершенно инертным и спокойным, на самом деле невесомые и незримые волны отрицательной энергии непрестанно бушуют с колоссальной скоростью с, близкой к 300 000 км/сек. Это также значит, что фотоны и антифотоны рождаются и умирают в паре только лишь при барьерной (световой) скорости, ибо всякая другая скорость для их существования, а следовательно, для их рождения и аннигиляции неприемлема.

В то же время невесомое поле, а следовательно, и невесомые элементарные частицы положительной и отрицательной энергии, не обладающие никакой массой покоя, могут существовать только лишь в состоянии волнового движения именно при критической (или почти критической!) скорости. Всякие другие скорости для них неприемлемы.

9. Закон четырех миров.

На основании всего изложенного и, опираясь на современные данные естественных наук, мы можем сформулировать **закон четырех миров** следующим образом:

Состояние любой объективной реальности существенно зависит прежде всего от скорости ее движения.

В связи с этим во Вселенной имеются

следующие три основные формы материи: вещество (как весомый "концентрат" положительной энергии), поле (как сплошная непрерывность распределенной и невесомой энергии) и антивещество (как весомый "концентрат" отрицательной энергии). Вещество существует в мире докритических скоростей (от 0 до 299 792 км/сек), поле существует в мире критических скоростей (с = 299 792 км/сек), а энергоантивещество существует в мире сверхкритических скоростей в пределах от 300 000 до 424 000 км/сек.

Скоростной барьер разделяет нашу Вселенную на две противоположные области: мир досветовых скоростей и мир сверхсветовых скоростей, которые существуют одновременно и совместно, но в то же время нигде не соприкасаются. Границей их раздела является третий мир - мир критических скоростей. Категории скорости и плотности по обе стороны этой границы имеют один и тот же физический смысл.

Критическая скорость является столь могущественным барьером, что непосредственная передача вещественных сигналов между мирами досветовых и сверхсветовых скоростей практически оказывается невозможной. Всякая попытка осуществить обмен весомой материей между этими мирами содержит в себе опасность колоссальной энергетической катастрофы.

Однако непрямая связь между ними все же осуществляется через посредство невесомого физического поля. Поэтому мир критических скоростей является не только мощным барьером между мирами докритических и сверхкритических скоростей, но и единственным мостом коммуникационной связи между ними. Мир критических скоростей можно образно назвать не только скоростным барьером, но и промежуточной (транзитной) станцией переработки и передачи сигналов и информации между мирами досветовых и сверхсветовых скоростей. Энергетическое поле является станцией сигнально-информационной связи между объективной идеей и веществом.

Все, что движется со скоростью, превышающей 424 000 км/сек., мы относим к четвертому миру, то есть к миру идеальных категорий, о чем речь пойдет дальше.

10
ДИАПАЗОН ВОЗМОЖНЫХ СКОРОСТЕЙ ДЛЯ ИДЕАЛЬНЫХ КАТЕГОРИЙ
([23], стр. 159-164)

1. Движение без материи

Мы уже знаем, что всякое движение материи происходит в диапазоне скоростей от "нуля" до 424 000 км/сек. Под "нулем" мы здесь подразумеваем сколь угодно малую величину, а не абсолютный нуль. Но тогда возникает вопрос: существуют ли формы движения вне этого диапазона скоростей?

Согласно основному закону природы, скорость материальной частицы не могла бы существовать без своей нематериальной противоположности − скорости нематериальной частицы. Это значит, что существуют идеальные категории, которые находятся в состоянии скоростного движения. **Нет материи без движения, а движение без материи есть.**

Если бы вещественная частица, обладающая положительной массой покоя, по каким-то пока неизвестным нам причинам оказалась по ту сторону скоростного барьера, то с ростом сверхкритической скорости энергия частицы уменьшалась бы. Согласно вариационному принципу Гамильтона-Остроградского, в целях экономии энергии такая частица обязана увеличивать свою скорость. Теперь представьте себе такую элементарную частицу (или античастицу), которая обладает ненулевой массой покоя и которая непрерывно увеличивает свою сверхкритическую скорость.

Из формулы (9) видно, что при увеличении

скорости от 300 000 до 424 000 км/сек шел бы процесс постепенного выравнивания релятивистской массы и массы покоя. Античастица отдавала бы окружающему миру излишки своих антифотонов, не затрачивая тех основных антифотонов, которые составляют суть ее отрицательной массы покоя. Вещественная частица отдавала бы окружающему миру излишки своих фотонов, не затрачивая основных фотонов, которые составляют суть ее положительной массы покоя. Однако при скорости, равной 424 000 км/сек, такого рода излишки фотонов (или антифотонов) окажутся полностью исчерпанными, а релятивистская масса и масса покоя будут равны между собой.

Релятивистская масса не может стать меньше массы покоя по модулю и поэтому дальнейшее увеличение скорости оказывается невозможным до тех пор, пока масса покоя (а следовательно, и релятивистская масса!) не станет равной нулю. Чтобы процесс дальнейшего увеличения скорости мог возобновиться, релятивистская масса и масса покоя частицы должны уменьшиться и обратиться в нуль. Это значит, что материальная частица (или античастица) при скорости, равной 424 000 км/сек, отдаст всю свою энергию окружающему миру и превратится в нематериальную частицу, после чего увеличение ее скорости может продолжаться вплоть до бесконечности:

$$0 = \frac{0}{\sqrt{(v/c)^2 - 1}} . \qquad (13)$$

Такая элементарная частица, не обладающая

никакими материальными атрибутами, не есть ничто, потому что она обладает конечной или бесконечно большой скоростью. Если она обладает скоростью, то это значит, что она движется. Если она движется, то это значит, что она существует реально и объективно, вне и независимо от субъективного (человеческого) сознания. Если она существует реально, то это значит, что она не есть ничто.

Таким образом, материальные частицы (даже тахионы!) не могут двигаться со скоростями, превышающими 424 000 км/сек. Все, что движется быстрее, может быть только лишь идеальной категорией. К такой идеальной категории, скорость которой может быть равна любой величине (от сколь угодно малой до сколь угодно большой), прежде всего относятся идея и идеальная информация.

Напомним читателю, что **идеей** мы называем нематериальную противоположность материи, которая не обладает никакими материальными атрибутами, даже физической энергией. **Информация** — это смысловое содержание сведений, сообщений, сигналов, кодов или команд. Информация является идеальной категорией и представляет собой, в частности, нематериальную противоположность материального сигнала.

2. Абсолютная и относительная скорость.

Согласно формуле (13), движение идеальной информации может происходить в любом диапазоне скоростей: от сколь угодно малой до сколь угодно большой. Величина такой скорости всегда может быть выражена конкретным числом.

Всякая скорость, которая может быть выражена конкретным числом, является **относительной** категорией. Всякая конечная скорость движения даже в абсолютной системе отсчета — относительна, ибо всегда можно сказать, что она "больше" или "меньше" другой скорости.

Всякое движение материи происходит с конечной скоростью. В то же время согласно основному закону природы, конечная скорость материальной частицы не могла бы существовать без своей бесконечной противоположности, то есть без бесконечно большой скорости. Однако бесконечно большая скорость материальной частицы — невозможная категория. Поэтому бесконечно большую скорость движения следует искать вне материи и вне Материального Мира вообще. Это значит, что существует иная нематериальная категория, которая движется с бесконечно большой скоростью. Это также значит, что существует иной мир, нематериальный мир бесконечно больших скоростей.

Бесконечно большой мы называем скорость, при которой та или иная нематериальная категория за сколь угодно малый промежуток времени проходит сколь угодно большое расстояние.

В то же время согласно основному закону природы, относительная скорость движения материи не могла бы существовать без своей абсолютной противоположности. Поэтому абсолютную скорость следует искать вне материи, вне Материального Мира. Абсолютная скорость не может быть равна также нулю, ибо нулевая скорость уже не есть скорость.

Абсолютная скорость — это предел, к которому бесконечно большая (непрерывно возрастающая) скорость всегда стремится, но которого она никогда не достигнет.

3. Абсолютная и объективная информация.

В зависимости от возможного диапазона скоростей, мы различаем следующие виды идеальных категорий: абсолютная идея, абсолютная информация, объективная идея, объективная информация, идеальный дух.

Абсолютной мы называем только лишь такую **информацию**, которая представляет собой абсолютно верное смысловое содержание объективной действительности в исчерпывающей ее полноте как вглубь, так и вширь. Частные элементы или фрагменты абсолютной информации мы называем **объективной информацией**. Информацией мы ее называем потому, что она содержит в себе смысловое содержание объективной действительности, включая различные сигналы и коды. Объективной мы ее называем потому, что она существует вне и независимо от любого субъективного сознания (человека или какого-либо другого живого существа).

Скорость движения объективной информации (так же как и объективной идеи) может быть равна любой величине (от сколь угодно малой до сколь угодно большой). В отличие от объективной идеи (или объективной информации), абсолютная информация (или идея) может распространяться с любой скоростью в абсолютном смысле слова, начиная от абсолютного нуля и кончая абсолютной бесконечностью. Если абсолютная информация может распространяться с бесконечно большой скоростью, которая не может быть выражена никаким конечным числом, то скорость объективной информации всегда может быть выражена конечным числом.

Скорость перемещения идеального духа всегда меньше скорости распространения информации. Однако качество сигнально-информационной связи в процессе познания зависит не от скорости перемещения идеального духа (или другого субъекта), а от того, насколько быстро он может распространять и принимать информацию.

В отличие от энергетических или материальных сигналов, объективная информация (как и любая информация вообще!) является идеальной категорией, которая не содержит в себе никаких материальных атрибутов: энергии, массы, веса, плотности, зарядов, объема, размеров, длины, ширины, высоты и т.д. Единственное ее материальное проявление заключается в том, что она проникает в материю и движется в ней с бесконечно большой скоростью, создавая коды и сигналы, согласно которым материя обязана вести себя определенным образом.

4. Абсолютная и относительная информация.

Абсолютной мы называем объективную **информацию**, кторую Бог распространяет во всем мире с бесконечно большой скоростью. Абсолютная информация воспринимается как объективная информация только лишь особого рода разумными цивилизациями, способными осознать ее смысловое содержание непосредственно, без посредника, без "переводчика". Неразумная материя воспринимает ее всего лишь как своего рода идеальный сигнал, которому она обязана бессознательно повиноваться.

Филип Берг называет абсолютную информацию "космическим разумом" ([7], стр. 149,154) .

Если информация, распространяемая Богом, является абсолютной, то та же информация, воспринимаемая Относительным Миром, становится уже относительной. Поэтому следует различать два вида объективной информации или идеи: абсолютную и относительную. Совершенство абсолютной идеи, принадлежащей Богу, существует как предел, к которому относительная идея всегда стремится в процессе своего развития, но которого она никогда не достигнет. То же самое можно сказать и об истине: абсолютная истина, принадлежащая только лишь Богу, существует как предел, к которому относительная истина всегда стремится, но которого она никогда не достигнет.

Транзитно-абсолютной мы называем такую категорию, которая абсолютна в отношении относительных категорий и относительна в отношении абсолютных категорий. Если энергетический мир является промежуточным звеном между Вещественным и Идеальным Мирами, то Транзитно-абсолютный Мир является таким же промежуточным звеном между Абсолютным и Относительным Мирами. Если связь между Материальным и Идеальным Мирами осуществляется через посредство белых и черных космических дыр, то связь между Абсолютным и Относительным Мирами осуществляется через посредство аналогичных дыр идеального пространства.

Если Абсолютный Бог находится в состоянии абсолютного покоя, то скорость всякого движения или изменения в его внутреннем мире равна абсолютному нулю: $v = dx/dt = 0$. Отсюда следует, что сколь угодно малое движение или изменение основной структуры Абсолютного Мира (то есть dx, не равное абсолютному нулю) требует сколь угодно большого промежутка времени (t = ∞). Это значит, что время на Бога не действует.

Движение объективной информации, передаваемой и получаемой Абсолютным Богом, происходит с бесконечно большой скоростью: c = dx/dt = ∞. Отсюда следует, что любое сколь угодно большое расстояние Относительного Мира (dx = ∞) охватывается ею за сколь угодно малый промежуток времени (dt = 0). Это значит, что все категории Относительного Мира — такие, как "раньше" и "позже", "ближе" и "дальше", "лучше" и "хуже" - могут быть определены в Абсолютном Мире мгновенно, объективно и абсолютно точно при помощи идеальной информации, хотя в нем самом таких категорий вовсе нет.

Таким образом, абсолютным является не только покой Бога, но и движение распространяемой им информации. Если покой Бога является **подлинно-абсолютным**, то движение такой информации является **транзитно**-абсолютным.

Хотя Абсолютный Бог существует вне всякого пространства и вне всякого времени, власть Абсолютного Бога проникает в любую точку пространственно-временного континуума мгновенно при помощи идеальной информации, распространяемой и получаемой с бесконечно большой скоростью. Поэтому Бог, существующий вечно в Абсолютном Мире вне всякого пространства и вне всякого времени, в то же время является **вездесущей** и **всегдасущей** категорией.

Всякая относительность, всякое противоречие и несовершенство — существуют там, тогда и постольку, где когда и поскольку нет возможности передавать и получать информацию с бесконечно большой скоростью, оставаясь при этом в состоянии абсолютного покоя.

Известно, что информация не бывает без источника. Источником Абсолютной Информации может быть только лишь абсолютная категория, обладающая высоким, абсолютно совершенным интеллектом. Такой источник Абсолютной Информации, обладающий абсолютно совершенным интеллектом и распространяющий Абсолютную Информаию по всему миру с бесконечно большой скоростью, мы называем **Абсолютным Богом**.

Бог, как первоисточник объективной информации, есть категория, которая совершенно необходима для движения материи

"Научный" атеизм и "диалектический" материализм бездоказательно утверждают, что якобы "нет движения без материи".

В самом же деле общеизвестно, что сигналы и коды невозможны без информации. Если бы не было движения без материи, то вне субъективного (человеческого) сознания не было бы никакой объективной идеи. Если бы не было никакой объективной идеи, то не было бы и никакой объективной информации. Если бы задолго до появления разумных живых существ не было объективной информации, то не было бы и тех генетических кодов, которые породили жизнь. Однако факт налицо: жизнь существует. Следовательно, существует и движение объективной идеи, породившей жизнь.

Человечество еще никогда не придумывало

большей глупости, чем атеистическое суеверие о возможности существования материальных сигналов и кодов без объективной идеи и идеальной информации.

11
СУБЪЕКТИВНОЕ ПОЗНАНИЕ ОБЪЕКТИВНОЙ ИСТИНЫ
([25], стр. 35-42)

> Если ты очень ждешь друга,
> то не принимай стук своего сердца
> за топот копыт его коня.
>
> Китайская пословица

Напомним читателю, что **объективной истиной** мы называем верную, абсолютно правильную информацию, существующую вне и независимо от всякого субъективного сознания. **Субъективная истина** - это копия объективной истины, искажённая в сознании человека в соответствии с его возможностями и умственно-волевыми особенностями. Объективная истина есть смысловое содержание объективной действительности, которое существует вне и независимо от всякого субъективного сознания, а субъективная истина есть знание субъекта об этой объективной истине. Объективная истина есть то, что есть в действительности, фактически, на самом деле, а субъективная истина есть то, что мы думаем об объективной истине в результате ее познания. Тогда возникает вполне резонный вопрос: как согласуется теория познания со специальной теорией относительности?

Необходимым условием абсолютного совершенства является прежде всего знание абсолютной истины и способность реагировать абсолютно точно и безошибочно с бесконечно большой скоростью на любое внешнее и внутренне явление. Однако наши возможности весьма ограничены. Мы не можем не только реагировать, но даже посылать или принимать сигналы со скоростями, превышающими скорость света. Вследствие этого мы не можем знать абсолютную истину не только о сложнейших фрагментах бытия, но даже о таких элементарных понятиях, как длина, ширина, высота или возраст той или иной материальной системы. Мы можем получить только лишь субъективно-искаженное представление об истинных размерах и возрасте объекта.

Наши представления об этих понятиях базируются на практических измерениях, а практические измерения, в свою очередь, зависят от скорости посылаемых и принимаемых сигналов. Это значит, что нам доступна только лишь относительная, а не абсолютная истина. Однако это вовсе не значит, что абсолютной истины якобы нет вообще. Она существует вне и независимо от нас, от наблюдателя, от субъекта и от измерительных сигналов, т.е. абсолютная истина существует объективно, а не субъективно. И если мы, жители Материального Мира, никогда не сможем полностью освободиться от парадокса пространства и времени, то это вовсе не означает, что данная проблема неразрешима якобы вообще.

Подлинный отрезок времени, существующий в действительнсти между двумя последовательными событиями, есть объективная истина, совершенно независимая от какого-либо субъективного сознания. Искаженное представление об этом же отрезке времени, полученное субъектом в результате познания, есть субъективная истина.

Подлинная длина любого тела, существующая в действительнсти вне и независимо от всякого субъективного сознания, есть объективная истина. Искаженное представление об этой же длине, полученное субъектом в результате познания, есть субъективная истина.

Из формул (1) и (2) видно, что степень такого рода субъективного искажения истины может меняться от сколь угодно малой до сколь угодно большой величины. Она заисит от отношения скоростей (v/c), где v — скорость движения объекта относительно субъекта, c — скорость передачи и приема сигнала. Измерения пространства и времени совершенно не зависят от скорости движения объекта v относительно субъекта (наблюдателя), если объективная информация передается с бесконечно большой скоростью: c = ∞.

Однако мы знаем, что скорость физического объекта не может быть равна нулю, а скорость материальных сигналов не может быть равна бесконечности. Материальные сигналы с бесконечно большими скоростями невозможны, потому что бесконечно большие скорости являются невозможными категориями Материального Мира. Это значит, что мы - жители Материального Мира, никогда не сможем полностью освободиться от парадокса пространства и времени, если не получим непосредственного доступа к идеальной информации, распространяемой со сколь угодно большой скоростью. А чтобы получить такой доступ, это необходимо заслужить.

Опираясь на современные данные естественных наук, мы можем сформулировать **закон субъективности познания объективной истины** следующим образом:

Нулевая скорость объекта и бесконечно большая скорость сигнала являются невозможными категориями Материального Мира. Вследствие этого познание истины земным наблюдателем будет оставаться субъективным до тех пор, пока он не получит непосредственный доступ к идеальной информации.

Однако это вовсе не означает, что объективной истины якобы нет. Объективная истина (независимая от субъективных представлений) существует там и тогда, где и когда она определяется непосредственно при помощи идеальной информации, распространяемой с бесконечно большими скоростями.

12
СКОРОСТЬ И КАЧЕСТВО

1. Скорость движения и качество объекта.
Вещество может двигаться только лишь в следующем интервале скоростей:

$$0 < v < 299\,792 \text{ км/сек.}$$

Поэтому весомое и зримое вещество является самой грубой формой объективной реальности. Более совершенной формой объективной реальности является невесомая физическая энергия, потому что она распространяется со скростью: $v = 299\,792$ км/сек. Эта скорость для вещества недостижима. Материя (как вещество, так и энергия) — это противоречивая категория, которая не может родиться, существовать и развиваться без компонентных и диалектических противоположностей.

Более совершенной формой материи является энергоантивещество, которое может двигаться в следующем интервале скоростей:

$$299\,792 < v < 423\,970 \text{ км/сек.}$$

Еще более совершенной формой объективной реальности является идея, которая может распространяться в широком диапазоне скоростей от сколь угодно малой до сколь угодно большой величины.

Субъективная идея — это транзитная категория, которая отталкивается от противоречивой материи и неуклонно стремится к совершенству объективной идеи. Скорость движения субъективной идеи всегда меньше, чем скорость движения объективной идеи. Поэтому совершенство объективной идеи есть предел, к которому стремится совершенство субъективной идеи, но которого она никогда не достигнет.

И, наконец, абсолютная идея — это абсолютно совершенная категория, которая лишена всяких противоречий и не содержит в себе никаких относительных категорий вообще: ни компонентных, ни диалектических. Скорость ее распространения равна абсолютной бесконечности.

Если бесконечно большая скорость движения является невозможной и недостижимой категорией для материи, то она является необходимой категорией Абсолютного Мира. **Нет материи без движения, но движение без материи есть.** Сказать, что информация материальна, — это все равно, что спутать ее с сигналом или кодом. Спутать идеальную информацию с ее материальным кодом или сигналом, — это все равно, что спутать религию с атеизмом. Информация не может быть неподвижной и застывшей хотя бы даже потому, что она передается из мозга в мозг через посредство различных биологических сигналов и кодов. Сказать, что идеальная информация неподвижна, — это все равно, что отрицать возможность всякого умственного общения между людьми.

Состояние любой объективной реальности существенно зависит прежде всего от скорости ее движения.

Тогда возникает вполне резонный вопрос: как влияет зона возможных скоростей на качество живых категорий?

2. Скорость информации и качество духа.

Ранее нами было установлено, что скорость света является в то же время барьерной и резонансной (c = 299 792 км/сек ≈ 300 000 км/сек). Из теории колебаний известно, что резонанс бывает основным и дробным. Для выведенных нами ранее формул специальной теории относительности (1)-(13) математически это может быть выражено следующим образом:

$$v^2_{\text{рез}} = c^2 \cdot k, \qquad (14)$$

где $v_{\text{рез}}$ — резонансная скорость, к = 1, 2, 3, 4, 5, 6, 7,.....
.....∞. Для основного резонанса, выраженного формулами (1)-(13), к = 1. Для всех остальных значений "к" имеет место дробный резонанс.

Если к = 1, то $v_{\text{рез}}$ = 299 792 км/сек.
Если к = 2, то $v_{\text{рез}}$ = 423 970 км/сек.
Если к = 3, то $v_{\text{рез}}$ = 519 255 км/сек.
Если к = 4, то $v_{\text{рез}}$ = 599 584 км/сек.
Если к = 5, то $v_{\text{рез}}$ = 670 355 км/сек.
Если к = 6, то $v_{\text{рез}}$ = 734 337 км/сек.
Если к = 7, то $v_{\text{рез}}$ = 793 175 км/сек.
Если к = 8, то $v_{\text{рез}}$ = 847 940 км/сек.

Если к = 9, то $v_{рез}$ = 899 376 км/сек.

....

Если к = ∞, то $v_{рез}$ = ∞ км/сек.

Чем выше диапазон возможных скоростей сигнально-информационной связи, тем выше качество живого духа и той вселенной, в которой он проживает. Чем больше величина "к", тем выше класс совершенства.

К = 1. Человек существует в мире следующих скоростей: v = 0 ÷ 299 792 км/сек. Поэтому он не может осуществлять сигнально-информационную связь со скоростями, превышающими v = 299 792 км/сек

К = 2. Цивилизации энергоантивещественного мира существуют в диапазоне следующих скоростей: 299 792 ÷ 423 970 км/сек. Поэтому они не могут осуществлять сигнально-информационную связь со скоростями, выходящими за рамки этого диапазона.

К = 3. Идеальный дух низшего (третьего) класса существует в мире следующих скоростей: v = 0 ÷ 519 255 км/сек. Поэтому он не может осуществлять сигнально-информационную связь со скоростями, превышающими v = 519 255 км/сек.

К = 4. Идеальный дух следующего (четвертого) класса существует в мире следующих скоростей: v = 0 ÷ 599 584 км/сек. Поэтому он не может осуществлять сигнально-информационную связь со скоростями, превышающими v = 599 584 км/сек.

К = 5. Идеальный дух более высокого (пятого) класса существует в мире следующих скоростей: v =

$0 \div 670\,355$ км/сек. Поэтому он не может осуществлять сигнально-информационную связь со скоростями, превышающими $v = 670\,355$ км/сек.

K = 6. Идеальный дух шестого класса существует в мире следующих скоростей: $v = 0 \div 734\,337$ км/сек. Поэтому он не может осуществлять сигнально-информационную связь со скоростями, превышающими $v = 734\,337$ км/сек.

K = 7. Идеальный дух седьмого класса существует в мире следующих скоростей: $v = 0 \div 793\,175$ км/сек. Поэтому он не может осуществлять сигнально-информационную связь со скоростями, превышающими $v = 793\,175$ км/сек.

Такому повышению класса совершенства идеального духа нет предела, ибо "к" может быть равен сколь угодно большому целому числу (к = 1, 2, 3, 4, 5, 6, 7, 8, 9, 10, 11, ...).

K = ∞. Абсолютно совершенный Бог находится в состоянии абсолютного покоя, но ему доступны любые скорости, начиная от абсолютного нуля и кончая абсолютной бесконечностью.

Чем выше класс "к" идеального духа, тем выше его совершенство и тем бо́льший диапазон скоростей он может охватить в процессе познания истины и в своей практической деятельности. Как ученик, который занимается нормально, каждый год переходит из класса в класс, так идеальная душа человека, ведущего себя нормально, за период каждого перевоплощения переходит из более низкого в более высокий класс, приобретая в своей жизни все больше и больше степеней свободы. С каждым повышением класса своего совершенства идеальный дух может неограниченно (асимптотически) приближаться к Абсолютному

Богу, если он этого хочет. В этом смысле Абсолютное совершенство Бога выступает как предел, к которому интеллектуальный дух всегда стремится, но которого он никогда не достигнет.

Пять уровней развития души по терминологии каббалы см. [26] или ([7], стр. 116, 243).

13
СИГНАЛЬНО-ИНФОРМАЦИОННАЯ СВЯЗЬ

> В пределах досягаемости все объекты находятся в непрерывной сигнально-информационной связи друг с другом.
>
> Исай Давыдов

1. Сигнал и информация.

Прежде всего следует четко различать понятие информации от понятия сигнала. **Информацией** мы называем смысловое содержание сообщений, сведений или знаний (идеальная категория, которая не содержит в себе никаких материальных атрибутов). **Сигнал** – это кодовая запись, несущая в условной форме передаваемую или получаемую информацию (материальная категория, которая не содержит в самой себе ничего идеального).

2. Идеальная информация и материальный код.

Законы природы могут быть записаны в книгах буквами еврейского, русского или английского алфавита, а также в нашем мозгу – на молекулярном уровне. Такого рода запись является материальной категорией, а не идеальной. Она представляет собой всего лишь материальный код (искаженную копию) идеальных законов природы, а не сами законы. Мы можем прочесть эту запись в книге или извлечь научную формулировку закона природы из наших мозговых "молекул памяти". В результате, субъективная копия обьективного закона природы появляется в нашем сознании. Тогда я задаю вопрос:

а где же находится сам истинный (объективный) закон природы и что он собой представляет?

3. Транзитная микроцивилизация.

Мы говорим, что весь Относительный Мир, как материальный, так и нематериальный, сотворен и контролируется Абсолютным Богом. Но это вовсе не означает, что он сотворил мир руками и погоняет его кнутом. У Бога нет ничего материального. Что же это означает? Это означает, что Абсолютный Бог создал законы, которым подчиняется весь мир. Полный свод всех этих законов представляет собой всеобщую программу рождения, движения, изменения и развития всего мира в целом.

В частности, Абсолютный Бог создал законы природы, полный свод которых представляет собой идеальную программу материального развития. Эта программа является "первоначальным толчком" в процессе рождения Вселенной и ее дальнейшего свободного развития без участия Бога, но под его полным контролем. Этот контроль осуществляется при помощи абсолютной информации. Здесь под **абсолютной информацией** подразумевается смысловое содержание всеобщей программы и законов природы, распространяемое и принимаемое Абсолютным Богом с бесконечно большой скоростью.

Таким образом, Бог определяет полностью целесообразное поведение материи через посредство идеальных программ и законов природы. Неживая и неразумная материя подчиняется законам природы даже в условиях "абсолютной" темноты слепо, беспрекословно и с идеальной точностью. Но неживая материя не "понимает" никакой идеальной информации вообще. Материальные объекты

107

общаются друг с другом только лишь на "языке" материальных сигналов и кодов. Поэтому возникает вопрос: где и как смысловое содержание законов природы и идеальных программ материального развития перерабатываются в материальные сигналы и коды, и наоборот?

Прежде всего, для такого рода "профессиональной переработки" нужны высокоразвитые и быстродействующие интеллектуалы, которых в вещественном мире досветовых скоростей нет и не может быть. В Идеальном Мире сверхсветовых скоростей их нет и не может быть тоже, потому что там нет и не может быть ничего материального вообще и никаких материальных сигналов в частности. Следовательно, они существуют в промежуточном мире световых скростей на фотонном или антифотонном уровне. Согласно Маркову М.А., существование промежуточных "микроцивилизаций" на элементарном уровне возможны.

Таким образом, с одной стороны возникает необходимость в существовании световой энергии, в фотонах, в энергетических сигналах и кодах на фотонном уровне и в "микроцивилизациях" на уровне антифотонов. С другой стороны, существование транзитных "микроцивилизаций" в недрах антифотонов и существование материальных сигналов в недрах фотонов — согласуются с законами физики. На основании этого мы приходим к следующему заключению:

Абсолютный Бог распространяет с бесконечно большой скоростью объективную информацию, которой беспрекословно подчиняется весь Относительный Мир, как материальный, так и идеальный. Эта информация распространяется в форме идеальных (а не материальных!) волн, частота которых равна абсолютной бесконечности. Она проходит сквозь нашу Вселенную непрерывно и в то же время мгновенно, сменяя бесконечное количество волн, одну за другой. Эти волны несут с собой смысловое содержание всех законов природы и идеальную программу всеобщего материального развития, созданные Абсолютным Богом.

Транзитная "микроцивилизация" в недрах антифотонов перерабатывает на энергетическом уровне объективную информацию, получаемую от Бога, в материальные сигналы и коды, передаваемые всем фотонам. Фотоны рассылают эти сигналы и коды по всей Вселенной со скоростью света и приводят материю в нужные формы движения, изменения и развития

И наоборот, все материальные сигналы и коды Вселенной фотоны передают антифотонам, где транзитная "микроцивилизация" перерабатывает их в идеальную информацию, принимаемую Богом.

4. Сигнально-информационная связь между Богом и Вселенной.

Выше мы показали, что для любой объективной идеи или идеальной информации: $m = m_o = 0$. Из уравнения (13) видно, что она по этой причине может двигаться в любом интервале скоростей: от нуля до бесконечности. Однако процесс переработки идеальной информации в энергетический сигнал или код возможен только лишь при критической скорости. Абсолютная информация, распространяемая Абсолютным Богом с бесконечно большой скоростью, проникает в энергетический мир, где производится переработка объективной информации в энергетические сигналы и коды, которые распространяются со скоростью света. Далее энергетические сигналы и коды превращаются в вещественные и переходят в наш мир докритических скоростей. И наоборот, вещественные сигналы и коды превращаются в энергетические и переходят из нашего мира докритических скоростей в мир критических скоростей, где они перерабатываются в идеальную информацию, которая увеличивает свою скорость от критического значения до бесконечно большой величины, и уходят к источнику абсолютной информации, то есть к Абсолютному Богу.

5. Неразумная материя и разумная информация.

Имеет ли неразумная материя непосредственный доступ к объективной информации? Нет, не имеет! Почему? Потому что неразумная материя не может понимать разумную информацию. Однако неразумная материя имеет доступ к разумной объективной информации через посредство материальных сигналов, закодированных на фотонно-антифотонном (энергетическом) уровне. Неразумная материя не имеет воли и выполняет команду объективной информации слепо, но беспрекословно и точно.

6. Сигнально-информационная связь между физической природой и идеальными законами.

Откуда неразумная природа "знает", как вести себя? Между природой и законами природы существует сигнально-информационная радиосвязь на фотонно-антифотонном уровне. Каждый антифотон содержит в себе полный свод всех законов природы, представляющих собой всеобщую программу материального развития. Все эти законы, а следовательно, и вся эта программа, закодирована на энергетическом уровне в недрах каждого фотона, все размеры и вес которого равны идеальному нулю.

Любое весомое вещество образовано из невесомых фотонов. Поэтому оно обязано строго и однозначно выполнять команды законов природы, закодированных на фотонном уровне. Такого рода однозначное поведение каждого элемента материи в конечном счете приводит к однозначному развитию всего физического мира, как это запланировано идеальной программой всеобщего развития Материального Мира.

7. Сигнально-информационные дырочки.

Любое физическое тело или вещественная частица обладает своим собственным полем (гравитационным, электромагнитным, биологическим и т.д.). Всякое поле представляет собой сплошную непрерывность элементарных частиц, обладающих определенными порциями энергии, но не обладающих никаким весом. Поле является бушующим энергетическим океаном (а не спокойным и инертным!), ибо каждая его невесомая элементарная частица находится в состоянии непрерывного волнового движения со скоростью света.

От каждой такой элементарной частицы поля в иной мир ведут невидимые тоннели или каналы сигнально-информационной связи Материального Мира с Идеальным Миром ([24], стр. 241). Эти каналы мы называем **сигнально-информационными дырочками.** Дырочками мы их называем потому, что они напрямую связывают любую точку физического мира с Идеальным Миром, минуя четырехмерную пространственно-временную непрерывность в нашей Вселенной ([24], стр. 147) . Эти дырочки, как и бестелесные элементарные частицы поля, которым они принадлежат, не обладают никакими пространственными измерениями в физическом смысле слова: их длина, ширина и высота равны нулю. Сигнально-информационными мы называем эти дырочки потому, что именно через них осуществляется сигнально-информационная связь между Материальным и Идеальными Мирами.

Но такого рода элементарная частица бестелесного физического поля является "элементарной" только лишь в относительном (а не в абсолютном!) смысле слова. На самом же деле бестелесный антифотон представляет собой целый мир, который содержит в себе не только неживую и неразумную физическую энергию, но и разумную "микроцивилизацию" [90]. В определеных условиях такие микроцивилизации передают, принимают и перерабатывают идеальную информацию в материальные сигналы (или коды), и наоборот. Без таких бестелесных частиц биологического поля сигнально-информационная связь между нашим идеальным сознанием и окружающей физической природой оказалась бы невозможной.

Согласно теории относительности, мы живем в Относительном Мире, где нет и не может быть ничего абсолютного. Следовательно, абсолютную истину следует искать вне Относительного Мира, в ином, Абсолютном Мире.

Элементарно-парные фрагменты абсолютной истины приходят к нам от Абсолютного Бога по специальным "каналам связи", существующим между Абсолютным и Относительным Мирами см. [25].

8. Общая сигнально-информационная связь.

Как микроскопическое подобие вселенной, невесомая частица бестелесного поля может быть местами дырочно-открытой, но в целом закрытой и замкнутой. Из Идеального Мира в Материальный Мир непрерывно поступает идеальная информация. Любой элемент такой объективной информации распространяется по всей Вселенной с бесконечно большой скоростью, так что в любой момент времени он есть везде, хотя физически мы не можем поймать его нигде. Однако сигнально-информационные дырочки невесомых частиц бестелесного поля могут их улавливать.

Попадая вовнутрь элементарной частицы поля, элементы идеальной программы перерабатываются микроцивилизациями в энергетические коды, которые вместе с невесомыми частицами поля перемещаются в вакууме со световой скоростью. Так элементы идеальной программы, обладающие бесконечно большими скоростями, перерабатываются в энергетические коды, обладающие световыми скоростями.

Если энергетическая частица поля сталкивается или соединяется с физическим телом (или с вещественной частицей), то энергетический код перерабатывается в вещественный код (или сигнал) на элементарном уровне. Переработка энергетического кода в вещественный код может произойти и при соединении невесомых элементарных частиц самого бестелесного поля. Физическое тело или вещественная частица распознает сигнал и реагирует на него совершенно бессознательно и однозначно.

И наоборот: всякое движение или изменение физического тела и весомой элементарной частицы является вещественным сигналом, который перерабатывается в энергетический код бестелесной частицы того поля, которое распространяется вокруг этого тела. В оторвавшейся от физического тела невесомой частице поля микроцивилизация перерабатывает энергетические коды и сигналы в идеальную информацию, которая уходит в иной мир с бесконечно большой скоростью.

Все материальные объекты взаимодействуют друг с другом как единая кибернетическая система, в которой объективная идеальная программа, составленная Богом, закодирована раз и навсегда. Если бы такая система работала абсолютно точно и не накапливала никакой погрешности, то она могла бы действовать и развиваться не только без непосредственного участия, но и без всякого контроля со стороны Бога. Однако в Материальном Мире нет ничего абсолютного. Поэтому любой материальный код постепенно накапливает погрешность и через определенный промежуток времени становится непригодным. Кроме того, идеальная программа материального развития периодически обновляется по качеству (см. например, теорию эволюционной Вселенной). Поэтому развитие Материального Мира нуждается в контроле со стороны Бога.

В качестве примера рассмотрим сигнально-информационную связь в процессе гравитационного притяжения двух тел.

Если мы говорим, что движение света является волновым, то это значит, что фотон светового поля внедряется в антифотон вакуумного пространства и вместе с ним устремляется вдаль с критической (световой) скоростью, аннигилируя и возрождаясь с определенной частотой ([24] стр. 120). Каждая пара противоположностей, состоящая из аннигиляции и возрождения фотона и антифотона, представляет собой **одну световую волну**. Время существования одной световой волны принято называть ее **периодом**. За каждый такой период световая волна перекачивает из Мира Объективных Идей в мир энергетического поля порцию идеальной информации и перерабатывает ее в энергетический код или сигнал.

Раздел 3

ПРОШЛОЕ, НАСТОЯЩЕЕ И БУДУЩЕЕ ВСЕЛЕННЫХ

14
ГРАВИТАЦИОННОЕ ПРИТЯЖЕНИЕ И ОТТАЛКИВАНИЕ

В вопросах гравитационного притяжения и отталкивания зоны досветовых и сверхсветовых скоростей являются противоположными категориями.

Исай Давыдов

1. Закон всемирного тяготения.

Из физики известно, что элементарные частицы рождаются и умирают парами. Если частица вещества встречается со своей электрической противоположностью, то происходит их полное и взаимное исчезновение (аннигиляция), при котором выделяется чистая энергия. Если же фотон аннигилирует с антифотоном, то они исчезают также полностью, ни во что материальное не превращаясь. Положительная энергия вещества не только встречается, но и существует всегда только лишь в бушующем океане отрицательной энергии вакуумного пространства, ибо вещество не может существовать иначе, чем в физическом пространстве. В связи с этим возникает вполне уместный вопрос: почему не происходит аннигиляция (совместное исчезновение) положительной энергии вещества и отрицательной энергии вакуумного пространства?

Ответ на этот вопрос прежде всего следует из закона всемирного тяготения, который формулируется следующим образом: **все физические тела и элементарные частицы притягиваются друг к** другу или отталкиваются друг от друга с силой, прямо пропорциональной произведению их масс и обратно пропорциональной квадрату расстояния между ними R:

$$F = \frac{G \cdot M \cdot m}{R^2}, \qquad (15)$$

где G - гравитационная постоянная. Такие силы принято называть **гравитационными**.

Для диапазона досветовых скоростей одноименные массы притягиваются, а разноименные — отталкиваются, см. формулу (15).

Для диапазона сверхсветовых скоростей наоборот: одноименные массы отталкиваются, а разноименные — притягиваются, см. формулу (16).

$$F = - \frac{G \cdot M \cdot m}{R^2}, \qquad (16)$$

Равенство (15) не всегда согласуется со специальной теорией относительности, хотя сам принцип гравитационного притяжения и отталкивания всегда остается в силе. Например, если масса Земли равна M, а масса фотона не равна нулю ($m \neq 0$), то согласно формуле (15), на фотон должна действовать сила ($F = ma$), ускоряющая его движение ($a \neq 0$). Однако на самом деле ускорить движение фотона не представляется возможным, ибо скорость его всегда постоянна: c = 299 792 км/сек, а ускорение всегда равно нулю: $a = 0$. Поэтому для вещественных категорий правильнее было бы переписать формулу (15) в следующем виде:

$$F = \frac{G \cdot M_0 \cdot m_0}{R^2}, \qquad (17)$$

Из формулы (15) и (16) видно, что гравитационные силы F могут быть не только положительными, но и отрицательными, так как они зависят от знака обоих масс: M и **m**. Разумеется, что **если произведение масс является отрицательным, то физические тела будут отталкиваться друг от друга, а не притягиваться.**

2. Закон всемирного тяготения для диапазона досветовых скоростей.

Из формулы (15) видно, что для диапазона досветовых скоростей одноименные массы притягиваются, а разноименные – отталкиваются. Если массы двух тел одинакового знака, то они притягиваются друг к другу. Если же массы двух тел разного знака, то они отталкиваются друг от друга. В вопросах притяжения и отталкивания масса является противоположностью электрического заряда: если разноименные электрические заряды притягиваются, а одноименные – отталкиваются, то разноименные массы друг от друга оталкиваются, а одноименные – притягиваются. По этой причине частицы положительной и отрицательной энергии не притягиваются, а отталкиваются друг от друга. Предполагается, что существует гравитационное поле, которое состоит из гравитонов и антигравитонов. Если гравитоны сближают даже далеко удаленные друг от друга одноименные массы, то антигравитоны отталкивают друг от друга разноименные массы, если даже они находятся в непосредственном контакте.

Поэтому закон всемирного тяготения для диапазона досветовых скоростей мы формулируем следующим образом: **одноименные массы притягиваются друг к другу, а разноименные — отталкиваются друг от друга.**

Если одноименные массы притягиваются друг к другу гравитационными силами, то это вовсе не означает, что их невозможно оторвать друг от друга при помощи иных (негравитационных) сил. Напротив: мы знаем множество тел, существующих раздельно, несмотря на их гравитационное притяжение. Если согласно закону всемирного тяготения разноименные массы отталкиваются друг от друга, то это также вовсе не означает, что их соединение (а следовательно, слияние и аннигиляция) является якобы невозможным под воздействием иных (негравитационных) факторов. Это означает всего лишь, что между положительной и отрицательной энергией существует **гравитационный барьер,** предотвращающий их самопроизвольную аннигиляцию.

Если электрон и позитрон, обладая разноименными зарядами и одноименными массами, притягиваются друг к другу и взаимно уничтожаются сразу же после своего рождения, то фотон и антифотон, будучи электрически нейтральными и обладая разноименными массами, обязаны отталкиваться друг от друга и уйти от опасной аннигиляции как можно дальше. Фотоны положительной энергии и антифотоны вакуумного пространства отталкиваются друг от друга антигравитационными силами и поэтому в обычных

120

условиях не аннигилируют, как позитрон и электрон. Но это вовсе не означает, что аннигиляция фотона и антифотона невозможна вообще. Напротив: из физики известно, что элементарные частицы не только рождаются, но и умирают парами. Тогда возникает естественный вопрос: при каких условиях энергетическая аннигиляция не только возможна, но и неизбежна?

3. Закон всемирного тяготения для диапазона сверхсветовых скоростей.

Из формулы (16) видно, что для диапазона сверхсветовых скоростей разноименные массы притягиваются, а одноименные – отталкиваются. Если массы двух тел разного знака, то они притягиваются друг к другу. Если же массы двух тел одинакового знака, то они отталкиваются друг от друга. В вопросах притяжения и отталкивания зоны досветовых и сверхсветовых скоростей являются противоположными категориями.

Поэтому закон всемирного тяготения для диапазона сверхсветовых скоростей мы формулируем следующим образом: **разноименные массы притягиваются друг к другу, а одноименные – отталкиваются друг от друга.**

Если одноименные массы отталкиваются друг от друга гравитационными силами, то это вовсе не означает, что их невозможно прижать друг к другу при помощи иных (негравитационных) сил. Например, вакуумное пространство состоит из сплошной непрерывности антифотонов и в то же время из весомых элементарных античастиц, таких как: антиэлектрон, антипротон, антинейтрон и т.д., что соответствует научной модели Поля Дирака,

([70]стр.260).

Если бы вещество, обладающее положительной массой покоя, каким-то образом оказалось по ту сторону скоростного барьера и двигалось со сверхкритической скоростью, то произошла бы аннигиляция вещества и антифотонов.

Если бы антивещество, обладающее отрицательной массой покоя, каким-то образом оказалось по эту сторону скоростного барьера и двигалось с докритической скоростью, то гравитационные силы вытолкнули бы его обратно в зону сверхсветовых скоростей.

Гравитационное отталкивание антифотонов друг от друга обязательно сопровождается образованием сплошной непрерывности вакуумного пространства. Если антифотоны как-то и внедряются друг в друга, образуя элементарные античастицы, обладающие отрицательной массой покоя, то они неустойчивы, ибо обязаны тут же разобщиться и вновь превратиться в антифотоны. Так что за редким исключением дело вряд ли может дойти до образования крупных антител с отрицательной массой покоя.

Если согласно принципу Гамильтона-Остроградского, вещественные частицы имеют тенденцию снижать свои докритические скорости, то тахионы имеют тенденцию снижать свои сверхкритические скорости.

В нынешней Вселенной **положительная энергия имеет тенденцию сжиматься и уплотняться, а вакуумное пространство - расширяться.** Но происходит это не только потому, что фотоны притягиваются друг к другу, а антифотоны отталкиваются друг от друга, а еще и потому, что в нашу Вселенную из белых космических дыр непрерывно втекает отрицательная энергия вместе с положительной. При этом, согласно вариационному принципу Гамильтона-Остроградского, в целях экономии энергии положительная масса снижает свою докритическую скорость и уплотняется, а отрицательная масса снижает свою сверхкритическую скорость и "расщепляется".

Всякие пробелы, трещины или дырочки в сплошной непрерывности пространственного вакуума возможны только лишь в исключительно редких случаях, например вследствие гравитационного коллапса звезд. Гравитационные силы в диапазоне сверхсветовых скоростей не позволяют разноименным массам оторваться, а обязывают их вплотную подходить друг к другу до тех пор, пока они полностью не исчезнут.

Если мы говорим, что энергоантичастицы в нашей Вселенной являются неустойчивыми формами материи, то это значит, что они также быстро аннигилируют, как и рождаются. Поочередное превращение весомых и невесомых элементарных энергоантичастиц друг в друга создает представление о двойственной структуре вакуумного пространства: антивещественной и волновой.

Однако согласно уравнению (9), тахион имеет две возможности: либо он приобретает резонансную скорость (c = 300 000) км/сек) и превращается в антифотон вакуума, либо он приобретает скорость дробного резонанса (v = 424 000 км/сек), при которой теряет релятивистскую массу (m = 0) и полностью исчезает из Материального Мира. Однако отрицательная энергия не может исчезнуть сама по себе без эквивалентного исчезновения положительной энергии, ибо их противоположные частицы рождаются и умирают только лишь парами. Поэтому такое исчезновение тахиона должно быть как-то связано с исчезновением вещества (например, в черных космических дырах).

Все сказанное здесь об отрицательной энергии справедливо только лишь по отношению к нашей Вселенной, но оно не может быть справедливым в отношении к антивселенной, где пространство состоит из фотонов, а не из антифотонов. Это значит, что законы физики и пространственно-временные соотношения для разных вселенных и антивселенных могут быть, а иногда обязаны быть — различными.

4. Классическая модель гравитационной относительности.

Теперь мы можем ответить на вопрос, поставленный в начале этой главы: почему не происходит аннигиляция (совместное исчезновение) положительной энергии вещества и отрицательной энергии вакуумного пространства?

Исчерпывающий ответ на этот вопрос мы можем получить, если выясним влияние скоростного барьера на характер гравитационных сил. Попробуем получить наглядное (классическое) представление о механизме и причинах гравитационного притяжения и отталкивания с точки зрения специальной теории относительности. Проще говоря, попытаемся дать классическую модель гравитационной относительности.

Представим себе, что какое-то физическое тело, обладающее ненулевой массой покоя, движется со сверхкритической скоростью (v =301 000 км/сек), а другое физическое тело, также обладающее ненулевой массой покоя, движется в том же направлении вслед за первым с докритической скоростью (v = 299 000 км/сек). Если из первой скорости мы вычтем вторую, то в соответствии с законами классической механики, найдем, что эти тела удаляются (а следовательно, отталкиваются) друг от друга со скоростью 2 км/сек. Но как остановить такого рода отталкивание двух тел?

Для этого вспомним, что два тела не приближаются и не удаляются друг от друга только лишь тогда, когда их скорости относительно какой-то третьей инерциальной системы отсчета в точности равны между собой как по величине, так и по направлению. Следовательно, чтобы остановить отталкивание двух физических тел, находящихся по разные стороны скоростного барьера, мы должны скорость первого тела уменьшить, а скорость второго тела — увеличить до критического значения: 300 000 км/сек. А для этого рассматриваемым телам необходимо сообщить колоссальное ("бесконечное") количество энергии, которую негде взять. Поэтому **если разноименные массы находятся по разные стороны скоростного барьера, то они обязаны отталкиваться друг от друга.** Скоростной барьер как бы распирает и отталкивает их друг от друга.

Но мы знаем, что по эту сторону скоростного барьера существуют вещество и положительная энергия, а по ту сторону — энергоантивещество и отрицательная энергия.

5. Волновая структура.

Волновая сущность материи есть не что иное, как последовательный и многократный процесс аннигиляции и возрождения ее компонентных противоположностей. Если в мире сверхсветовых скоростей положительные и отрицательные массы могут аннигилировать и не возрождаться, то в мире досветовых скоростей они могут существовать устойчиво в виде "дрожащей" энергоантичастицы.

В диапазоне досветовых скоростей **одноименные массы притягиваются друг к другу, а разноименные — отталкиваются друг от друга.** Поэтому фотоны и антифотоны отталкиваются друг от друга и уходят от аннигиляции. Кроме того, если количество фотонов мало в сплошной непрерывности антифотонов (в условиях низкой температуры), то такого рода сил притяжения недостаточно, чтобы превратить невесомые фотоны в весомые частицы вещества. Тогда фотоны и антифотоны движутся с почти одинаковыми критическими скоростями, хотя и находятся по разные стороны скоростного барьера.

В этом случае притяжение и отталкивание фотона и антифотона периодически и поочередно чередуется, сменяя друг друга. Фотон внедряется в антифотон и вместе с ним устремляется вдаль с критической (световой) скоростью, аннигилируя и возрождаясь с определенной частотой, перекачивая из одного мира в другой информацию и сигналы. Каждая пара противоположностей, состоящая из аннигиляции и возрождения фотона и антифотона, представляет собой одну **световую волну**. Время существования одной световой волны принято называть **периодом**. Величину, обратную периоду, называют **частотой волнового движения**. Из этого примера видно, что периодически повторяющийся **процесс аннигиляции и возрождения фотонов и антифотонов является во Вселенной далеко не ред-**

ким событием. Однако **необратимые процесы** аннигиляции и рождения энергии являются далеко не обычными событиями, о чем будет сказано в 15-й и 16-й главах.

Аналогичное объяснение можно дать и "дрожащему электрону".

Эта глава является переработанным и исправленным вариантом работы ([23], стр.169-180).

15
РОЖДЕНИЕ И ГИБЕЛЬ ФИЗИЧЕСКОЙ ЭНЕРГИИ

Появление элементарной энерго-античастицы в идеальной точке может служить "первоначальным толчком" при сотворении физической вселенной из ничего.

Исай Давыдов

1. Теория Дирака и энергетическая яма.

Если масса покоя вакуума равна нулю, то это вовсе не значит, что энергоантивещество является невозможной категорией. Напротив, антивещество, обладающее отрицательной массой покоя, является необходимой противоположностью вещества, обладающего положительной массой покоя. Согласно теории Поля Дирака, вакуум битком набит различными энергоантичастицами. Но мы не можем практически их обнаружить, потому что они существуют в мире отрицательных энергий и сверхсветовых скоростей, откуда мы физически не можем получить какие бы то ни было сигналы.

Если элементарная частица обладает положительной массой покоя ($+m_o$) и досветовой скоростью v_1, а ее энергетическая противоположность (элементарная античастица) обладает отрицательной массой покоя ($-m_o$) и сверхкритической скоростью v_2, то их скорости связаны между собой следующим соотношением:

$$v_1^2 + v_2^2 = 2 \cdot c^2. \qquad (18)$$

Предположим, что в вакуумном пространстве какой-то энергоантиэлектрон, обладающий отрицательным электрическим зарядом и отрицательной энергией $(m_0c^2)/(v_2^2/c^2-1)^{0,5}$, движется со сверхсветовой скоростью v_2. Если этот энергоантиэлектрон встретится с позитроном, который обладает положительным электрическим зарядом и положительной энергией $(m_0c^2)/(1-v_1^2/c^2)^{0,5}$, то произойдет их обоюдная аннигиляция с полным исчезновением как электрических зарядов, так и энергии. Однако если этому энергоантиэлектрону мы сообщим чистую положительную энергию $(2m_0c^2)/(1-v_1^2/c^2)^{0,5}$, не обладающую никаким электрическим зарядом, то электрический заряд энергоантиэлектрона, лишенный своей противоположности, не сможет аннигилировать. Поэтому энергоантиэлектрон, обладающий отрицательной энергией, превратится в электрон, обладающий положительной энергией.

Образно выражаясь, из энергетической ямы "вынырнет" электрон, оставив вместо себя "дырку" в вакууме. Эта вакуумная дырка будет вести себя, как позитрон, обладающий положительным зарядом и положительной энергией. Так, согласно теории Поля Дирака, рождается электронно-позитронная пара частиц, каждая из которых движется с досветовой скоростью v_1. Электрон и позитрон, обладая одноименными массами и разноименными электрическими зарядами, должны неизбежно сразу же встретиться и аннигилировать, превратившись в чистую энергию.

Если в приведенных выше выражениях m_0 соответствует массе покоя протона, то из вакуума вынырнут протон и электроантипротон. Если протон и электроантипротон встретятся, то они аннигилируют, превратившись в чистую энергию. Другие элементарные частицы рождаются и умирают аналогично, так же парами. Однако научная модель Поля Дирака является всего лишь удобным и наглядным представлением сложных физических процессов ([70], стр.267) . На самом же деле между нами и вакуумом нет и не может быть никакого обмена энергией. Поэтому если уж выражаться образно, то правильнее было бы сказать так: если мы "ударим" по энергетическому барьеру нужным количеством невесомой положительной энергии, то взамен от него может "отскочить" пара весомых вещественных частиц.

2. Обратимость вещества и энергии.

Теория Поля Дирака может быть представлена проще. Например, если весомый электрон встретится с весомым позитроном, то они превратятся в невесомую энергию двух фотонов, суммарная масса которых будет равна удвоенной массе покоя электрона. Если нам как-то удастся "ударить этой удвоенной массой фотонов по вакууму", то согласно формуле (18), вакуум вытолкнет из себя пару элементарных частиц (электрон и позитрон) с почти нулевой скоростью. Новорожденные в непосредственной близости электрон и позитрон притягиваются друг к другу электростатическими силами и превращаются в невесомую энергию. Круговорот замкнулся. С чего начали, тем и кончили.

Если же весомый протон встретится с весомым антипротоном, то они превратятся в невесомую энергию двух фотонов, суммарная масса которых будет равна удвоенной массе покоя протона. Если

130

нам как-то удастся "ударить такой удвоенной массой фотонов по вакууму", то согласно формуле (18), вакуум вытолкнет из себя пару элементарных частиц (протон и антипротон) с почти нулевой скоростью. Новорожденные в непосредственной близости протон и антипротон притягиваются друг к другу электростатическими силми и превращаются в невесомую энергию. Круговорот снова замкнулся. С чего начали, тем и кончили. То же самое произойдет и с другими парами частиц и электроантичастиц. Это значит, что досветовые скорости вещества устойчивы. Выражаясь образно, не так-то легко "утопить" вещество в "потенциальной яме", то есть в бушующем океане отрицательной энергии вакуумного пространства.

3. Энергетичская катастрофа вещества в мире сверхсветовх скоростей.

Согласно закону всемирного тяготения, в диапазоне досветовых скоростей одноименные массы притягиваются друг к другу, а разноименные — отталкиваются друг от друга. При световой скорости фотон и антифотон также отталкиваются друг от друга. Поэтому самопроизвольная аннигиляция положительной и отрицательной энергии в обычных условиях (как в процессе их рождения, так и в дальнейшем) оказывается невозможной, что соответствует закону всемирного тяготения, предписывающего разноименным массам отталкиваться. При этом возникает вполне уместный вопрос: что произойдет, если мы в нашей Вселенной все-таки попытаемся искусственно увеличить скорость вещества сверх критической и не дать ему возможность "вынырнуть" обратно в зону докритических скоростей? Здесь речь идет о переносе вещества, а не о его возникновении.

Перенести вещественную частицу из мира досветовых скоростей в мир сверхсветовых скоростей - это значит увеличить скорость весомой частицы , не изменив ее массу покоя. Из уравнений (4) видно, что если m_0 = const, то с увеличением докритической скорости v релятивистская энергия E возрастает. Поэтому для увеличения докритической скорости вещественной частицы необходимо ей сообщить положительную энергию извне. Если бы скорость вещественной частицы достигла критической скорости с абсолютной точностью, то релятивистская энергия стала бы бесконечно большой. Однако в Материальном Мире нет и не может быть никакой абсолютной точности. Поэтому бесконечно большая релятивистская энергия фактически не может быть реализована.

Если же скорость вещественной частицы достигнет критической скорости в относительном смысле слова, то энергия E станет чрезвычайно большой. Это значит, что для увеличения скорости движения от какой-то величины до критической — вещественной частице нужно сообщить гигантское количество положительной энергии, то есть вещественная частица должна отобрать и заключить в себе всю положительную энергию окружающей среды. Если только досветовая скорость вещества перевалит через критическую на сколь угодно малую величину, то согласно формуле (9), вещественная частица должна превратиться в античастицу, для чего ей пришлось бы отобрать и заключить в себе всю отрицательную энергию окружающего вакуума.

Согласно формуле (7), при этом плотность

вещественной частицы будет чрезвычайно большой. Это значит, что элементарная частица была бы обязана заключить в своем сколь угодно малом объеме сколь угодно большое количество положительной энергии и такое же большое количество отрицательной энергии. Совместное сосуществование такого колоссального количества энергетических противоположностей в сколь угодно малом объеме оказалось бы физически невозможным, и поэтому взаимная аннигиляция (полное исчезновение) положительной и отрицательной энергии оказалась бы неизбежной. Вещественная частица отдала бы миру сверхкритических скоростей всю ту положительную энергию, которую она забрала ранее в мире досветовых скоростей.

Таким образом, насильственный перенос вещества из родного вещественного мира в противоположный мир энергоантивещества неизбежно сопровождается перекачкой колоссального количества положительной энергии из мира досветовых скоростей в мир сверхсветовых скоростей, то есть из мира положительных энергий в мир отрицательных энергий, где полная аннигиляция (исчезновение) положительной энергии вещества и отрицательной энергии вакуума окажется неотвратимой катастрофой.

Однако мы обычно не наблюдаем столь мрачной картины, потому что в действительности с ростом досветовой скорости плотность покоя (как и масса покоя) обычно убывает: если $v = c$, то $p_0 = 0$ и $m_0 = 0$. Я сказал "обычно", но не сказал "всегда", ибо астрофизике известны очень редкие, но весьма внушительные факты, когда с ростом досветовых скоростей плотность покоя массивных тел не может уменьшаться, а обязана непрерывно возрастать. В такой ситуации, которую принято называть **гравитационным коллапсом**, катастрофичная аннигиляция положительной и отрицательной энергии оказывается неизбежной. Гравитационный коллапс пробивает брешь (дыру) в непробиваемом энергетическом барьере из мира досветовых скоростей в мир сверхсветовых скоростей.

Согласно закону всемирного тяготения, **в диапазоне сверхсветовых скоростей разноименные массы притягиваются друг к другу, а одноименные — отталкиваются друг от друга.**

Поэтому если бы скорость вещества стала больше скорости света, то произошла бы обоюдная аннигиляция (исчезновение) положительной энергии вещества и отрицательной энергии пространственного вакуума без всякого превращения во что бы то ни было материальное. Следовательно, досветовые скорости принадлежат только лишь миру вещества, обладающего положительной массой покоя.

Таким образом, вещество невозможно перевести из мира досветовых скоростей в мир сверхсветовых скоростей. Всякая попытка осуществить такой перенос заканчивается энергетической катастрофой, т.е. полным исчезновением положительной энергии вещества и отрицательной энергии пространственного вакуума. Такую идеальную точку, в которой непрерывно и одновременно исчезает одинаковое количество положительной энергии вещества и отрицательной энергии вакуумного пространства, ни во что не превращаясь, мы называем **черной космической** дыркой.

4. Энергетичская катастрофа антивещества в мире досветовх скоростей.

Согласно закону всемирного тяготения, в диапазоне досветовых скоростей разноименные массы отталкиваются друг от друга. Поэтому если какая-то энергоантичастица попадает в зону досветовых скоростей, она немедленно выталкивается гравитационными силами в зону сверхсветовых скоростей. Таким образом, положение энергоантичастицы в диапазоне досветовых скоростей оказывается неустойчивым. Тогда возникает другой вопрос: что произойдет, если мы в нашей Вселенной попытаемся как-то искусственно уменьшить скорость энергоантивещества ниже критической и не дать ему возможность "вынырнуть" обратно в зону сверхкритических скоростей? Здесь речь идет о переносе антивещества, а не о его возникновении.

Перенести энергоантивещество из мира сверхсветовых скоростей в мир досветовых скоростей - это значит уменьшить скорость антивещества, не изменив его отрицательную массу покоя. Из уравнения (9) видно, что если m_0 = const, то с уменьшением сверхкритической скорости релятивистская энергия возрастает по модулю. Поэтому для уменьшения сверхкритической скорости энергоантивещества ему необходимо сообщить отрицательную энергию извне. Если бы скорость энергоантивещества достигла критической скорости с абсолютной точностью, то арифметическая величина релятивистской энергии стала бы бесконечно большой. Однако в Материальном Мире нет и не может быть никакой абсолютной точности. Поэтому бесконечно большая по модулю релятивистская энергия фактически не может быть реализована.

Если же скорость энергоантивещественной частицы достигнет критической скорости в относительном смысле слова, то энергия Е (а следовательно, и релятивисткая плотность р) станет чрезвычайно большой по модулю. Это значит, что для уменьшения скорости движения от какой-то величины до критической — энергоантивещественной частице нужно сообщить гигантское количество отрицательной энергии, то есть энергоантивещество должно отобрать и заключить в себе всю отрицательную энергию окружающего вакуума. Если только сверхсветовая скорость энергоантивещества перевалит через критическую на сколь угодно малую величину, то согласно формуле (4), энергоантичастица должна превратиться в частицу, для чего ей пришлось бы отобрать и заключить в себе всю положительную энергию окружающей среды.

Согласно формуле (7), при этом плотность античастицы будет чрезвычайно большой. Это значит, что элементарная античастица была бы обязана заключить в своем сколь угодно малом объеме сколь угодно большое количество положительной энергии и такое же большое количество отрицательной энергии. Совместное сосуществование такого колоссального количества энергетических противоположностей в сколь угодно малом объеме оказалось бы физически невозможным, и поэтому взаимная аннигиляция (полное исчезновение) положительной и отрицательной энергии оказалась бы неизбежной. Античастица отдала бы миру докритических скоростей всю ту отрицательную энергию, которую она забрала ранее в мире сверхсветовых скоростей.

Таким образом, насильственный перенос энергоантичастицы из родного энергоантивещественного мира в противоположный вещественный мир сопровождается перекачкой колоссального количества отрицательной энергии из мира сверхкритических скоростей в мир докритических скоростей, из мира отрицательных энергий в мир положительных энергий, где полная и взаимная аннигиляция отрицательной энергии антивещества и положительной энергии физического поля окажется неотвратимой катастрофой.

Однако мы обычно не наблюдаем столь мрачной картины, потому что в действительности с уменьшением сверхкритической скорости энергоантичастицы ее плотность покоя (как и масса покоя) обычно убывает по модулю: если $v = c$, то $p_o = 0$ и $m_o = 0$. Я сказал "обычно", но не сказал "всегда", ибо не исключена возможность, что в какой-то неизвестной нам ситуации с уменьшением сверхкритической скорости арифметическая величина плотности покоя энергоантивещества не сможет уменьшаться, а будет обязана непрерывно возрастать. Тогда катастрофическая аннигиляция отрицательной и положительной энергии оказалась бы неизбежной.

Если же энергоантивещество образует энергетически изолированную и консервативную систему ($E = const$), то с уменьшением сверхсветовой скорости величина плотности покоя p_o убывает по модулю. Если $v = c$, то $p_o = 0$. Это значит, что при критической скорости энергоантивещество полностью превращается в чистую невесомую отрицательную энергию. А отрицательная энергия в обычных условиях не переходит в мир докритических скоростей.

Таким образом, энергоантивещество невозможно перевести из мира сверхсветовых скоростей в мир досветовых скоростей. Всякая попытка осуществить такой перенос заканчивается энергетической катастрофой, то есть полным исчезновением отрицательной энергии антивещества и положительной энергии физического поля. Критическая скорость разделяет нашу Вселенную на две противоположные области: мир досветовых и мир сверхсветовых скоростей, которые существуют одновременно и совместно, но в то же время нигде и никогда не соприкасаются. Эти два мира недоступны друг для друга, хотя существуют одновременно и совместно, подобно тому, как множество радиоволн, существующих одновременно в одном и том же физическом объеме пространства, не могут проникнуть друг в друга.

5. Античастица и первоначальный толчок при сотворении энергии.

Тогда возникает вполне уместный вопрос: что произойдет, если в какой-то идеальной точке кто-то как-то сотворил элементарную (но весомую) энергоантичастицу, скорость которой ниже скорости света? Здесь речь идет о возникновении энергоантичастицы, а не о его переносе.

В связи с этим проделаем следующий любопытный мысленный эксперимент. Предположим, что нет никакой материи вообще. Предположим далее, что в условиях такого "небытия" как-то

138

возникла элементарная энергоантичастица со сколь угодно малой массой покоя (например, энергетическая противоположность электрона), после чего плотность положительной массы по отношению к отрицательной будет равна нулю. Тогда согласно принципу Гамильтона-Остроградского, такая античастица будет увеличивать свою скорость от нулевой величины до световой, наращивая непрерывно отрицательную энергию. Согласно законам сохранения и сотворения энергии, наращивание отрицательной энергии непрерывно будет сопровождаться воникновением такого же количества положительной энергии. Когда весомая античастица достигнет скорости света, она превратится в невесомую отрицательную энергию, создавая при этом нулевую сумму колоссального количества положительной и отрицательной энергии.

Таким образом, если бы в качестве "первоначального толчка" кому-то удалось создать элементарную энергоантичастицу со сколь угодно малой массой покоя, то она сделала бы бытие идеальной точки неустойчивым и стала бы тем самым источником колоссального (сколь угодно большого) количества положительной и отрицательной энергии. Так рождается не только Вселенная, но и звезды и галактики. Такую идеальную точку, в которой непрерывно и одновременно из ничего рождается одинаковое количество положительной и отрицательной энергии, мы называем **белой космической дыркой**.

Появление элементарной энергоантичастицы в идеальной точке может служить "первоначальным толчком" при сотворении физической вселенной из ничего. Совершенно аналогично, появление элементарной частицы в идеальной точке может служить "первоначальным толчком" при сотворении антивселенной из ничего.

Единство законов природы, по которым в белых космических дырках создается колоссальное количество физической энергии, мы называем идеальной программой энергетической эволюции.

16
ГРАВИТАЦИОННЫЙ КОЛЛАПС
([23], стр. 193-215)

> Согласно теории стационарной Вселенной, ее расширение, обнаруженное по красным смещениям, обусловлено непрерывным созданием вещества. По неизвестной причине вещество создается непрерывно, атом за атомом... из ничего.
>
> Бен Бова ([13], стр.198)

В предыдущей главе мы говорили о том, что астрофизике известны очень редкие, но весьма внушительные факты, когда с ростом досветовых скоростей плотность покоя массивных тел не может уменьшаться, а обязана непрерывно возрастать. В такой ситуации, которую принято называть **гравитационным коллапсом**, катастрофичная аннигиляция положительной и отрицательной энергии оказывается неизбежной. Тогда возникает вопрос: что же это за "редкие случаи"?

1. Космическая скорость.

Закон сотворимости материи гласит: любой вид материи сотворим (уничтожим) при одновременном сотворении (уничтожении) эквивалентного количества его материальной противоположности. В связи с этим возникает вполне уместный вопрос: каким образом может быть уничтожена (или сотворена) материя?

Проделаем мысленный эксперимент в далеком космосе и рассмотрим поведение некоторого шарообразного физического тела (например, звезды) с радиусом R и массой M, превышающей массу нашего Солнца в 5-10 раз. Предположим, что это тело не способно взрываться и вращается вокруг своей оси с постоянной скоростью. Любая частичка, имеющая массу "m" и движущаяся по поверхности этого шара с окружной скоростью v, притягивается к центру звезды гравитационной силой и отталкивается от него центробежной силой. Эта частичка будет держаться на поверхности звезды в состоянии невесомости только лишь в том случае, если гравитационные и центробежные силы будут равны между собой:

$$G\frac{M \cdot m}{R^2} = \frac{m \cdot v^2}{R}. \qquad (19)$$

Если масса выражается в кг, то сила и вес должны выражаться в кг · км/сек^2 (или кг · м/сек^2). В этом случае гравитационная постоянная равна: G = 6,67·10^{-20} км^3/кг·сек^2. Чтобы такого рода вес или силу перевести в бытовые кг, его или ее необходимо разделить на ускорение свободного падения (то есть если масса и сила выражаются в кг, то во всех формулах с массой следует обращаться, как с весом). Из приведенного выше условия (19) может быть определена **первая космическая скорость**, при которой частичка становится спутником рассматриваемой звезды. Аналогичным образом находим условие, при котором эта же частичка сможет оторваться от поверхности звезды и выйти за пределы ее притяжения:

$$2 \cdot G \, \frac{M \cdot m}{R^2} \leq \frac{m \cdot v^2}{R}. \qquad (20)$$

Из этого выражения может быть определена **вторая космическая скорость,** необходимая для того, чтобы частичка могла оторваться от рассматриваемой звезды. Если же левая часть последнего выражения окажется больше правой, то рассматриваемая частичка не сможет оторваться от звезды и покинуть ее пределы. Она может удалиться от поверхности звезды, если увеличит свою скорость.

2. Критическая плотность.

Однако материальная частица не может увеличить свою скорость беспредельно. Если энергия движущейся частички и вакуума имеют разные знаки, то увеличение скорости сверх критической сопровождается аннигиляцией. Поэтому скорость рассматриваемой частички v не может быть больше скорости света c. Из условия v = c сначала найдем критический радиус, а затем — критическую плотность:

$$R_{cr} = 2 \cdot G \, \frac{M}{c^2}, \quad p_{cr} = \frac{0{,}12 \cdot c^2}{G \cdot R_{cr}^2}. \qquad (21)$$

Критическим называется такой наибольший **радиус** физического тела, при котором гравитационные силы становятся настолько могущественными, что ни одна материальная частица (даже фотон!) не может оторваться от его поверхности. Соответственно, **критической** называется такая наименьшая **плотность** физического тела, при которой гравитационные силы становятся настолько могущественными, что ни одна материальная частица (даже фотон!) не может оторваться от его поверхности. Если радиус шара R меньше или равен критическому радиусу R_{cr}, а также если плотность шара **p** больше или равна критическому значению плотности p_{cr}, то от поверхности звезды не сможет оторваться никакая частица, даже фотон.

Положительная энергия фотонов, поля или вещества не может вступить в смертельный контакт и аннигилировать (исчезнуть) с отрицательной энергией пространственного вакуума до тех пор, пока плотность массы не превысит определенную величину, которую мы называем **предельной плотностью** и которую следует четко отличать от **критической** (или **барьерной**) плотности. Если плотность массы ниже барьерной плотности, то энергия неуничтожима. Взаимная аннигиляция положительной и отрицательной энергии не представляется возможной при плотности ниже барьерной или критической. Но если плотность массы однажды стала выше критической (барьерной) плотности, то она неизбежно должна возрастать до предельной величины $p_{max} = 10^{134}$ кг/см^3. Тогда взаимную аннигиляцию положительной энергии вещества и отрицательной энергии пространства будет невозможно предотвратить.

3. Гравитационный коллапс.

Сжатие этого тела остается безопасным для его существования до тех пор, пока его плотность меньше критической. Хотя в процессе сжатия гравитационные (центростремительные) силы увеличиваются быстрее, чем центробежные, эта разница может быть компенсирована за счет увеличения скорости вращения тела. Однако если плотность становится больше критической, то ситуация меняется существенным образом, потому что увеличить скорость вращения тела не представляется возможным. Поэтому превышение гравитационных сил над центробежными не может быть компенсировано ничем. Вследствие этого тело сжимается. Вследствие сжатия плотность возрастает. Вследствие увеличения плотности увеличиваются гравитационные силы. Гравитационные силы сжимают тело и увеличивают его плотность. И так происходит до тех пор, пока физическое тело полностью не исчезнет. Такого рода исчезновение физического тела или превращение его в нулевую точку принято называть **гравитационным коллапсом**.

Экономным является не только движение неживой материи, но и ее развитие. Программа развития вообще и законы природы, в частности, не позволяют "стоять в стороне" от общего стремления к совершенству, "бездельничать" или вовсе останавливаться ни одному материальному элементу, ни одной материальной системе. Вот почему абсолютный покой материи является невозможной категорией вообще. Если скорость той или иной материальной системы приближается к нулю, то система гибнет. Ярким примером такой гибели может служить явление так называемого **гравитационного коллапса**, при котором громоздкая и неуклюжая материальная система, потерявшая способность двигаться и развиваться, "пожирает" сама себя.

Гравитационный коллапс наступает тогда, когда масса тела становится настолько большой, что ее громадные силы притяжения тормозят или вовсе прекращают всякое движение, изменение или развитие не только внутри самого тела, но и далеко за его пределами. Оно притягивает к себе и обрекает на гибель все те сравнительно небольшие тела, которые находятся от него в досягаемой близости. С его поверхности не может оторваться ни одно тело, ни одна частица и даже ни один фотон. Все парализовано тоталитарной мощью гравитационных сил. Экономная программа развития и экономные законы природы не прощают ему такого рода консервацию движения, в результате чего неуклюжее массивное тело вместе со всеми притянутыми к нему элементами проваливается в "черную космическую дыру" и исчезает в ней навсегда.

Упрощенная схема зависимости скорости движения элементарных частиц коллапсирующей звезды v от плотности ее сжатия p приведена на рис. 2 ([23], стр.201-206) .

На первом этапе коллапса (ab) сжатие звезды и увеличение скорости ее частиц происходят одновременно. Плотность возрастает от некоторой первоначальной величины p_0 до критической — p_{cr}. В точке b величины плотности звезды и скорости ее частиц достигают своих критических значений. Поэтому во втором этапе коллапса (bc) увеличение скорости элементарных частиц не представляется возможным. Здесь происходит увеличение плотности при постоянной критической скорости. Величина сверхкритической плотности коллапсирующей звезды увеличивается катастрофически до

146

некоторого предельного значения p_{max}, после чего ее элементарные частицы увеличивают свои скорости сверх критической величины и вступают в смертельный контакт с антифотонами пространственного вакуума.

На третьем этапе коллапса **(cd)** происходит преодоление скоростного барьера элементарными частицами. В точке **d** начинается взаимная аннигиляция (исчезновение, превращение в ничто) положительной энергии звездного вещества и отрицательной энергии вакуумного пространства.

Четвертый этап коллапса **(de)** сопровождается одновременным снижением плотности звезды и увеличением сверхсветовой скорости ее частиц, происходящим в соответствии с вариационным принципом Гамильтона-Остроградского. В точке **e** релятивистская масса звезды становится равной ее массе покоя, а скорость ее элементарных частиц достигает предельной величины = 424 000 км/сек. Дальнейшее увеличение скорости не представляется возможным до тех пор, пока коллапсирующая материя полностью не исчезнет.

Поэтому на пятом этапе коллапса **(ef)** снижение плотности звезды происходит при постоянной скорости вплоть до ее полного исчезновения. Точка **f** на рис. 2 соответствует тому состоянию, когда от коллапсирующего тела не осталось уже ничего материального, кроме идеальной информации о произошедшей звездной катастрофе.

Шестым и последним этапом коллапса эта идеальная информация увеличивает свою скорость от 424000 км/сек до бесконечно большой величины и мгновенно уходит в Абсолютный Мир. Таким образом, материя не только сотворена [1], но и исчезает в шесть этапов.

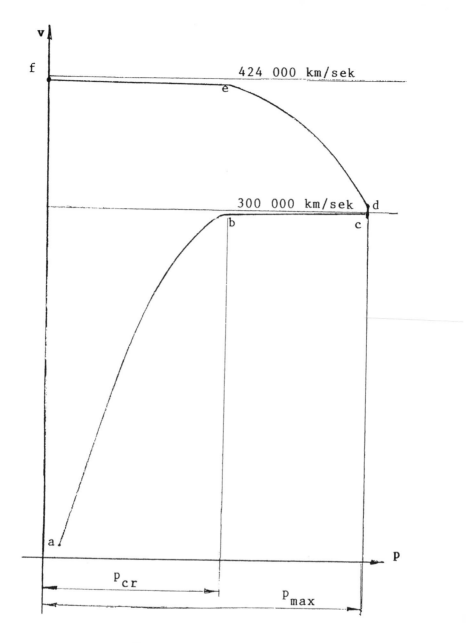

Рис. 2. Зависимость скорости движения элементарных частиц коллапсирующей звезды v от плотности ее сжатия p.

Итак, **предельной** мы называем такую **плотность** вещества, при которой величина скорости движения его элементарных частиц "перепрыгивает" через критическое значение, а положительная энергия вещества начинает аннигилировать с отрицательной энергией вакуума. Предельная плотность не есть критическая. Если критическая плотность определяет начало гравитационного коллапса (сжатия), то предельная плотность определяет начало энергетической аннигиляции. Если на первых двух этапах гравитационного коллапса скорость движения частиц коллапсирующего тела должна быть меньше критической скорости, то в процессе энергетической аннигиляции она должна быть больше нее.

Предельная плотность не обязательно связана с гравитационным коллапсом. В отличие от критической плотности, предельную плотность можно достичь негравитационными силами, например по методу резонансного раскачивания. Предельная плотность должна быть больше критической в случае гравитационного коллапса. В других случаях она может быть и меньше, особенно если речь идет об аннигиляции отдельных элементарных частиц. Мы полагаем, что предельная плотность не превышает величину 10^{134} кг/см^3.

4. Черная космическая дырка.

Таким образом, в конечном счете вся положительная энергия массивной коллапсирующей звезды втупает с отрицательной энергией пространственного вакуума в особого рода контакт, при котором происходит их полная совместная аннигиляция. Одновременное и эквивалентное исчезновение (аннигиляция) положительной энергии коллапсирующей звезды и отрицательной энергии вакуумного пространства протекает в полном соответствии с законами сохранения и уничтожения энергии, ибо алгебраическая сумма исчезающей энергии (положительной и отрицательной) всегда сохраняется постоянной и равной нулю. Поэтому **черной космической дырой** мы называем такую идеальную "точку" физического пространства, в которой заканчивается совместная аннигиляция (исчезновение) одинакового количества положительной энергии отработавшего вещества и отрицательной энергии пространственного вакуума.

Модель черных дыр разработана не только в классической, но и в релятивистской физике. Согласно специальной теории относительности, гравитационный коллапс выглядит совершенно иначе для внешнего наблюдателя, чем для внутреннего. Если только величина плотности станет выше критической, то для внешнего наблюдателя коллапсирующая звезда перестанет существовать, а ее скорость представляется ему равной нулю. Создается впечатление, что "застывшая" звезда упала в энергетическую яму (в мир отрицательных энергий) примерно так, как снаряд падает на землю, когда его скорость равна нулю. Энергетический барьер не выдерживает чрезвычайно большой плотности подобно тому, как мембрана не выдерживает сосредоточенной нагрузки.

Провалившись в такого рода энергетическую яму, положительная масса звезды аннигилирует вместе с эквивалентным количеством отрицательной энергии вакуума. Нам, внешним наблюдателям, вся масса коллапсирующей звезды представляется как масса покоя, ибо мы не "видим" в ней никакого движения: ни внутреннего ни внешнего. Но так выглядит коллапс только лишь со стороны. Тогда возникает вполне естественный вопрос: а какие физические законы действуют в роковом мире самой черной космической дыры?

Если мы вместе с нашей системой отсчета мысленно перенесемся в центр коллапсирующей звезды, то мы "увидим", что все ее элементы находятся в состоянии высокоскоростного движения. Теперь релятивистской представится нам вся та масса, которая ранее казалась массой покоя. А массой покоя представится нам только лишь небольшая часть общей массы. Плотность звезды будет катастрофически возрастать, хотя звезда будет сопротивляться процессу сжатия. Сопротивление это будет прежде всего выражаться в увеличении центробежных сил, что возможно только лишь с ростом окружной скорости частиц, составляющих массу звезды. В результате звезда будет вращаться все быстрее и сжиматься все сильнее.

Коллапсирующая звезда не может отдать в окружающее пространство ни единого своего фотона и поэтому является с самого начала консервативной системой: $E = const$. Из формулы (3) видно, что с ростом докритической скорости масса покоя частиц, составляющих консервативную систему коллапсирующей звезды, должна уменьшаться. Но она никогда не превратится в нуль из-за чрезвычайно большой плотности, которая не только не уменьшается и не остается постоянной, а непрерывно растет. Если величина плотности достигнет предельного значения, то докритическая скорость частиц будет чрезвычайно близка к критической. Здесь и создается ситуация, в которой докритическая скорость вынуждена перепрыгнуть через энергетический барьер и стать сверхкритической скоростью, в результате чего гравитационные силы претерпевают качественные изменения.

Теперь антифотоны вакуума не отталкивают, а притягивают к себе коллапсирующую звезду со всех сторон одинаково. Тем самым они стремятся разобщить вещественную массу звезды, превратить ее в фотоны, поглотить их и аннигилировать вместе с ними, ни во что материальное не превратившись. Так коллапсирующая звезда из консервативной превращается в неконсервативную систему. Такая аннигиляция будет продолжаться до полного исчезновения звезды даже в том случае, если дальнейший рост сверхкритической скорости остановится в чрезвычайной близости от скоростного барьера.

Однако согласно вариационному принципу Гамильтона-Остроградского, в целях экономии энергии сверхкритическая скорость вещества должна возрастать от 300 000 вплоть до 424 000 км/сек. Рост сверхкритической скорости вещества будет сопровождаться выделением положительной энергии. Эта энергия и такое же количество отрицательной энергии вакуумного пространства исчезают полностью (аннигилируют), не превращаясь ни во что. Теперь катастрофа будет продолжаться даже в условиях снижения плотности, ибо назад пути уже нет: для уменьшения сверхкритической скорости вещества понадобилось бы колоссальное количество положительной энергии, а в мире пространственного "вакуума" его нет. Если скорость движения вещества достигнет предельной величины (424 000 км/сек), то релятивистская плотность и плотность покоя звезды окажутся равными между собой.

Здесь и будет завершена полная аннигиляция коллапсирующей звезды вместе с эквивалентным количеством отрицательной энергии вакуума. Из формулы (7) видно, что плотность будет наибольшей не в финальной фазе, а в момент прохождения скорости через барьер. Любого рода гравитационные коллапсы вещества или антивещества являются необратимыми процессами и всегда сопровождаются полной аннигиляцией (исчезновением) материи, а не простой перекачкой ее из одного мира в другой в целости и сохранности, как это хотелось бы атеизму.

5. Белая космическая дырка.

Естественно, что исчезновение отрицательной энергии вакуума в черной дыре, происходящее одновременно с исчезновением коллапсирующей звезды, неизбежно изменит топологию пространства, которое где-то в другом месте может дать "точечную трещину". Эта точка, так называемая белая космическая дыра, первоначально является идеальной, то есть не обладает ни массой покоя, ни энергией и никакими материальными атрибутами вообще. Однако по мере исчезновения в черной космической дыре коллапсирующей звезды, в белой космической дыре может одновременно рождаться одинаковое количество положительной и отрицательной энергии. Новорожденная отрицательная энергия восполнит пробелы вакуума, а положительная энергия превратится в вещество и приобщится к эволюции Вселенной.

Черная космическая дыра является идеальной категорией, а не материальной. Поэтому она может, но не обязана иметь свою противоположность. Однако процесс исчезновения материи в черной космической дыре является материальным процессом, а не идеальным процессом. Поэтому он **обязан** иметь свою диалектическую противоположность, то есть исчезновение материи в черной дыре должно неизбежно сопровождаться процессом сотворения материи, которое может произойти только лишь в белой космической дыре. В противном случае Вселенная не могла бы не только расширяться, но и существовать вообще. Вселенная сжималась бы до тех пор, пока полностью не исчезнет.

Ежегодно в черных космических дырах нашей Вселенной исчезает некоторое множество звезд, колоссальное количество вещества и энергии. Для того чтобы за миллиарды лет Вселенная не перестала существовать, необходимо, чтобы потери энергии восполнялись ее сотворением. Поэтому наличие таких родников энергии, как белые космические дыры, является соверешенно необходимым условием существования Вселенной.

Под белой космической дырой мы понимаем такую идеальную точку физического пространства, в которой непрерывно и одновременно рождается из ничего одинаковое количество положительной и отрицательной энергии. Положительная энергия превращается в вещество, а отрицательная энергия - в энергетический океан пространственного вакуума. Если бы не было белых космических дыр, то не было бы и Вселенной подобно тому, как не было бы человеческого общества, если бы смертность стариков не восполнялась рождаемостью детей.

17
РОЖДЕНИЕ И ГИБЕЛЬ МАТЕРИИ
([23], стр. 213-215)

> Материя возникает из ничего
> и исчезает в ничто.
>
> Исай Давыдов

На основании общепризнанной научной теории белых и черных космических дыр мы можем сделать следующие выводы, подтверждающие законы сотворимости и уничтожимости материи.

Материя рождается в белых космических дырах Вселенной из ничего в виде нулевой суммы положительной и отрицательной энергии. Из отрицательной энергии образуется пространственный вакуум, а колоссальные макрокванты положительной энергии превращаются в отдельные облака первобытного вещества, которые закономерно сжимаются и уплотняются до тех пор, пока не образуются устойчивые системы галактик и звезд. Через миллиарды лет после устойчивого существования наступает старость отжившей звезды, которая начинает катастрофически сжиматься и уплотняться.

Если плотность массивной звезды достигает критических размеров, то количество материи, заключенное в единице объема, изменяет ее качество в такой степени, что дальнейшее бытие материи оказывается невозможным. При этих условиях материя исчезает бесследно (ни во что не превращаясь!) в черных космических дырах Вселенной вследствие гравитационного коллапса, при котором происходит совместная и эквивалентная аннигиляция положительной энергии коллапсирующего вещества и отрицательной энергии окружающего пространственного вакуума.

Сколько бы ни рождалось или сколько бы ни исчезало положительной и отрицательной энергии во Вселенной, их алгебраическая сумма всегда остается постоянной и равной нулю в полном соответствии с законом сохранения энергии.

Если масса физического тела превышает $4 \cdot 10^{30}$ кг (удвоенную массу нашего Солнца) и если его плотность выше 10^{12} кг/см^3 (плотности атомного ядра), то в природе не существует сил, способных остановить его катастрофическое гравитационное сжатие, которое будет происходить до тех пор, пока оно полностью не исчезнет в черной космической дыре. Теоретически доказано, что возможность расширения такого тела полностью исключается ([90], стр.68), ([13], стр.217).

Материя не является ни вечной ни бесконечной! Она имеет начало, она имеет конец!

Что может атеизм противопоставить этой научной теории белых и черных дыр, кроме своих собственных желаний и иллюзий? В противовес научным данным он может повторять свои старые сказки на новый лад о том, что якобы материя не рождается и не исчезает, а перекачивается по неведомым дорожкам из черной дыры в белую целой и невредимой. Но тогда возникает вполне уместный вопрос: а где же научные доказательства атеизма? Ответ простой: никаких научных доказательств у научного атеизма нет и не может

156

быть. У него есть только лишь угодные ему самому **исходные предположения**, в которые сотни миллионов простых людей обязаны **слепо верить**, хотя поверить в них нет никакой логической возможности.

Действительно, в каком бы мире положительных энергий коллапсирующая звезда ни оказалась, она нигде не может остановить своего катастрофичесского сжатия, ибо в любом мире положительных энергий действуют те же самые законы гравитации, которые существуют в нашем мире. Такое сжатие может быть остановлено только лишь в качественно противоположном мире, в мире отрицательных энергий, где полная аннигиляция коллапсирующей материи оказывается неизбежной. Материя вовсе не перекачивается из черной дыры в белую. Отработавшая материя окончательно и навсегда исчезает в черной космической дыре. А в белой космической дыре рождается совершенно новая энергия, имеющая свою собственную программу развития, но не имеющая ничего общего с исчезнувшей материей. Причем материи рождается больше, чем исчезает. В противном случае Вселенная не смогла бы расширяться.

Атеизму приходится признавать исчезновение материи в черных космических дырах, а следовательно, и рождение материи в белых космических дырах. Признавая сотворимость материи, атеизм обязан признать и Творца материи - самого Бога. В противном случае атеизму приходится объявить черную космическую дыру зыстывшей материей, внутри которой нет никакого движения. Тем самым ему приходится признавать существование материи без движения, что в корне противоречит букве и духу диалектики. Но тогда диалектический материализм перестает быть диалектическим, а научный атеизм перестает быть научным. В том и другом случае победа остается на стороне религии. Третьего выхода у атеизма нет!

На этом примере мы еще раз убеждаемся в том, что диалектика и наука несовместимы с материализмом и атеизмом. Атеистическая басня о вечности и несотворимости материи находится в разительном противоречии с данными современной физики (рождение и аннигиляция элементарных частиц) и современной астрономии (теория белых и черных дыр). Нынешняя астрономия не отрицает, а подтверждает сотворимость материи и тем самым признает ее Творца, ибо материя не могла быть сотворена сама собой без потустороннего интеллекта. Самосотворение и целесообразное саморазвитие неразумной материи есть такая антинаучная атеистическая небылица, какую не рассказывают даже в самых сказочных сказках.

18
РОЖДЕНИЕ И ГИБЕЛЬ СОЛНЦА

Наше Солнце образовалось примерно пять миллиардов лет тому назад из энергии, рожденной в одной из белых космических дырок. Примерно через 10 миллиаров лет оно неизбежно "умрет", превратившись в "белого карлика".

Исай Давыдов

1. Рождение Солнца на примере больших и малых звезд.

Солнце — это одна из многочисленных звезд. Все звезды (большие и малые) рождаются и живут примерно одинаково, но умирают они по-разному. Поэтому механизм рождения Солнца такой же, как у всех звезд, см. главу "Рождение и гибель звезд". Однако Солнце относится к числу "малых" звезд. Поэтому "умрет" оно не так эффектно, как "умирают" массивные звезды.

2. Удвоенная масса Солнца.

Известно, что если масса физического тела превышает удвоенную массу нашего Солнца и если его плотность выше плотности атомного ядра, то в природе не существует сил, способных остановить его катастрофическое гравитационное сжатие, которое будет происходить до тех пор, пока оно полностью не исчезнет в черной космической дыре. Теоретически доказано, что возможность расширения такого тела полностью исключается, см., например, ([13], стр. 217) или ([90], стр. 60, 68-70). Этот

159

научный факт установлен еврейским ученым, действительным членом АН СССР Львом Давыдовичем Ландау. Примерно в то же время и независимо от него это же научное положение было доказано математически индийским аспирантом С. Чандрасэкаром - Subrahmanyan (имя) Chandrasekhar (фамилия).

3. Гибель Солнца.

Рассмотрим гибель малых звезд на примере нашего Солнца, ибо оно является одной из сравнительно "небольших" звезд. Поэтому оно родилось и умрет таким же образом, как и многие другие "малые" звезды.

Для нашего Солнца критический радиус равен 2,9 км. Если Солнце сжать до радиуса 2,9 км, то его гравитационное поле возрастет до такой степени, что ни один фотон не сможет покинуть его поверхность, и оно перестанет светить совсем. Однако расчеты показывают, что наше Солнце никогда не сможет сжаться до таких размеров. Даже в процессе закономерной гибели, которая произойдет примерно через 10 млрд земных лет, Солнце может быть сжато собственными силами гравитации только лишь до тех пор, пока его радиус не станет равным 6 000 км. Тогда плотность Солнца возрастет до 15 000 т/см^3. При такой плотности гравитационные силы, направленные внутрь Солнца, полностью уравновесятся силами отталкивания, существующими между отдельными частицами: электронами и ионами. Эти силы отталкивания, направленные наружу, остановят процесс дальнейшего гравитационного сжатия Солнца.

По этой причине любая малая звезда, масса

которой равна или меньше, чем удвоенная масса нашего Солнца, умирает медленно и неэффектно, превратившись в так называемого **белого карлика.**

4. Рождение и гибель цивилизаций Солнечной системы.

Если бы температура на поверхности Земли была ниже 0° С или выше 40° С, то существование человека на Земле оказалось бы невозможным. Температура на поверхности планет непрерывно понижается. Следовательно, когда-то в прошлом температура на поверхности Земли была выше допустимой, а когда-то в будущем она станет ниже допустимой температуры. Это значит, что температурный режим на поверхности планеты может быть приемлем для высших форм биологической жизни сравнительно короткое время, например не более одного миллиарда лет.

В то же время Солнце просуществует примерно 15 миллиардов лет. Если бы Земля была единственной планетой Солнечной системы, то остальные 14 миллиардов лет Солнце работало вхолостую, не поддерживая высшие формы биологической жизни, что противоречит закону целесообразности бытия. Поэтому вокруг Солнца вертятся 9 планет, каждая из которых была или будет приемлемой для высших форм биологической жизни в свое время. Это позволит цивилизациям передавать эстафету биологической жизни от планеты к планете, а Солнцу - вертеться с пользой для жизни планетных цивилизацийй все 15 миллиардов лет, что соответствует закону целесообразности.

19
РОЖДЕНИЕ И ГИБЕЛЬ ЗВЕЗД

Звезды рождаются, живут и умирают.

Шкловский И.С. [91].

1. Астрономические факты сотворения и уничтожения материи.

Закон сотворимости материи гласит: любой вид материи сотворим (уничтожим) при одновременном сотворении (уничтожении) эквивалентного количества его материальной противоположности. В связи с этим возникает вполне уместный вопрос: знает ли современная астрономия какие-либо научные факты сотворения или уничтожения материи? Существуют ли какие-либо конкретные примеры образования или исчезновения вещества или энергии в космосе? Если да, то как и почему происходит такого рода исчезновение или образование материи?

На эти вопросы мы можем ответить, если проследим, например, эволюцию звезд или галактик. Из всеобщего закона бренности материи следует, что все материальные системы формируются, рождаются, развиваются, стабильно существуют, стареют и умирают ([23], стр. 75) . Замечательный советский ученый, член-корреспондент Академии Наук СССР Иосиф Самуилович Шкловский в своей книге [91] наглядно продемонстрировал частный (астрономический) аспект этого всеобщего закона следующим образом: все звезды и все галактики формируются, рождаются, развиваются, устойчиво существуют, стареют и умирают.

2. Рождение звезд.

Мы уже знаем, что первобытная энергия рождается в так называемых белых космических дырах гигантскими порциями. По мере превращения энергии в вещество, каждая такая порция энергии преобразуется в отдельное космическое облако водородной плазмы или газа. Далее такого рода космические облака превращаются, образно выражаясь, в "звезды-детеныши", которые принято называть **протозвездами,** потому что именно из них в процессе дальнейшей эволюции образуются "зрелые" звезды, вступившие на путь длительного устойчивого существования. "Новорожденные протозвезды, образно выражаясь, "кричат" о своем появлении на свет, пользуясь новейшими методами квантовой радиофизики" ([90], стр.46) .

Все частицы одной и той же протозвезды притягиваются к ее центру силами гравитации, не встречая достаточного сопротивления. Поэтому протозвезда сжимается. По мере сжатия протозвезды ее температура возрастает и газ превращается в плазму. Напомним, что **плазмой** называется электропроводящий газ, нагретый до такой степени, что атомы расщепляются на положительно и отрицательно заряженные ионы. На каком-то этапе эволюции температура ядра протозвезды становится настолько высокой, что в нем происходят термоядерные реакции, сопровождающиеся выделением большого количества тепловой энергии. Эта энергия медленно просачивается из внутренних слоев протозвезды к наружным, а затем излучается в окружающее пространство. Поэтому температура ядра протозвезды становится значительно выше, чем температура ее наружной поверхности. По мере увеличения температуры во внутренних слоях протозвезды создается внутреннее давление, стремящееся ее разжать. Протозвезда перестает сжиматься и превращается в звезду тогда, когда наступает устойчивое равновесие между гравитационными силами, стремящимися сжать раскаленную плазму, и силами внутреннего давления, стремящимися ее разжать. Кроме того, необходимым условием устойчивого существования звезды является равновесие между количеством тепла, отдаваемым в окружающее пространство, и количеством тепла, получаемым от термоядерных реакций.

3. Гибель звезд.

Однако устойчивое состояние звезд не является вечным и абсолютным, хотя они и живут миллиарды земных лет без заметного нарушения устойчивости. Звезда продолжает охлаждаться, сжиматься и терять устойчивость чрезвычайно медленно. Неотвратимая старость звезды наступает только лишь через миллиарды лет ее устойчивого существования, когда весь водород выгорит и превратится в гелий. Тут сжатие звезды существенно убыстряется, не встречая должного сопротивления изнутри. Если после некоторого такого сжатия звезда все же сохранила какое-то количество вещества, способного взрываться, то звезда взрывается, выбрасывая все свои внешние слои в космическое пространство. Тогда возникает очень любопытный вопрос: как протекает процесс старения и гибели звезды, у которой вещество, способное взрываться, полностью иссякло?

Если масса большой звезды превышает удвоенную массу нашего Солнца, то ее способность взрываться рано или поздно иссякнет. После этого она сжимается до своего критического радиуса. Такая звезда только лишь притягивает и присоединяет к себе все соседние тела и частицы, однако она ни в коем случае не может отдать в окружающее пространство ни одной своей элементарной чатицы. Поэтому она не в состоянии расширяться.

Мало того, такая звезда обязана сжиматься все быстрее и быстрее под воздействием непрерывно возрастающих гравитационных сил. Сопротивление электронов становится недостаточным для того, чтобы остановить такого рода сжатие. Напротив, неотвратимое сжатие заставляет все электроны сливаться с протонами, вследствие чего все протоны превращаются в нейтроны. Такую **звезду**, состоящую из одних нейтронов, принято называть **нейтронной**. Плотность нейтронной звезды доходит до миллиардов тонн на один кубический сантиметр. Возросшая плотность убыстряет процесс сжатия. Объем звезды уменьшается по мере ее сжатия. С уменьшением объема увеличивается плотность, с увеличением плотности возрастают гравитационные силы, с ростом гравитационых сил усиливается сжатие, с усилением сжатия уменьшается объем, с уменьшением объема увеличивается плотность...

Когда плотность достигает 150 млрд т/см^3, нейтроны превращаются в гипероны. Остановить катастрофическое сжатие не представляется возможным. Такую необратимую потерю устойчивости космической системы (звезды или галактики) вследствие превышения сил сжатия над силами разжатия называют **гравитационным коллапсом**. В конечном счете наступает катастрофа: звезда сжимается с огромной скоростью и полностью раздавливает сама себя своим собственным весом, превратившись за несколько секунд в идеальную точку, от которой тянется своеобразный "канал" или "туннель" в иной мир. Такую идеальную могилу материальной звезды или галактики принято называть **черной космической дырой**. Академик Я.Б.Зельдович образно называет ее "гравитационной могилой".

Такого рода "дыры", "каналы" или "туннели" являются в конечном счете идеальными (потусторонними) категориями, а не материальными, ибо никаких посюсторонних (материальных) признаков, ведущих от места катастрофы до границы Вселенной, нет. Но тогда возникает вполне уместный вопрос: куда девалось такое громадное количество звездного или даже галактического вещества? Может быть оно ушло в иной мир? Но уйти непосредственно в любую другую физическую вселенную массивная звезда не могла по двум причинам: во-первых, массивная звезда пропадает непосредственно посреди Вселенной, а не на ее границе. При этом никаких следов и даже никаких признаков продвижения пропадающей звезды от черной дыры до границы Вселенной нет. Во-вторых, скорость движения массивной звезды в целом должна быть всегда ниже световой скорости. Это значит, что в принципе пропадающая звезда не в состоянии достичь границы Вселенной, ибо эта граница удаляется от нее со скоростью света.

Может быть, коллапсирующая звезда ушла в другую вселенную по какому-то четвертому измерению пространства? Если мы полагаем, что вселенные связываются между собой четвертым измерением пространственной непрерывности, то следует помнить, что четвертое измерение пространства является уже идеальной категорией, а не материальной. А перекачка весомого вещества по идеальному каналу невозможна. Таким образом, коллапсирующая звезда не может уйти в какую-либо другую вселенную. Но может ли она уйти в Идеальный Мир? Мир Объективных идей является чисто духовным миром и сам по себе не содержит в себе ничего материального. Поэтому нет никаких оснований полагать, что он примет колоссальное количество коллапсирующего вещества.

Идеальное пространство могло бы принять только лишь нулевую сумму положительной и отрицательной энергии, но оно ни в коем случае не может принять звездное вещество и его положительную энергию без эквивалентного количества отрицательной энергии. А нулевая сумма колоссального количества положительной и отрицательной энергии, сосредоточенная в нулевом объеме, обязана аннигилировать и исчезнуть. Поэтому Мир Объективных Идей может принять из Материального Мира по открытому от черной дыры каналу только лишь идеальную информацию о происходящей катастрофе вещества и энергии, а не само вещество и не саму энергию. Под информацией мы здесь понимаем смысловое содержание сигналов, а не сами сигналы, которые являются всего лишь материальными кодами идеальной информации.

Следовательно, громадное количество вещества погибшей звезды не просто ушло из мира сего, оно полностью исчезло, ни во что материальное не превратившись. Однако согласно закону сохранения, материя не может исчезнуть без эквивалентного исчезновения ее противоположности. Если мы имеем налицо факт исчезновения громадного количества массы (положительной энергии), то одновременно должно исчезнуть такое же эквивалентное количество отрицательной энергии, которое может быть отнято только лишь из вакуума окружающей среды. Поэтому **гравитационный коллапс выполняет роль механизма, который приводит положительную энергию вещества с отрицательной энергией пространственного вакуума во взаимодействие, сопровождаемое их совместной аннигиляцией.**

Согласно закону отрицания отрицания, увеличение плотности коллапсирующей звезды не может продолжаться до фантастической бесконечности. В какой-то момент времени оно обязано перейти в свою диалектическую противоположность — уменьшение плотности. Однако согласно законам физики, уменьшение плотности коллапсирующей звезды невозможно без энергетической аннигиляции. Следовательно, энергетическая аннигиляция является необходимым компонентом гравитационного коллапса. Количественное увеличение массы в единице объема не может возрастать до фантастической бесконечности также согласно закону перехода количества в качество: обязательно должна существовать такая предельная плотность, при которой коллапсирующая звезда меняет свое качество коренным образом и становится вследствие этого способной аннигилировать вместе с отрицательной энергией вакуумного пространства.

Под **предельной** мы понимаем здесь такую

сверхкритическую плотность, при которой начинается аннигиляция положительной и отрицательной энергии, после чего начинается уменьшение плотности, вплоть до полного исчезновения коллапсирующего тела. Есть все основания предполагать, что предельная плотность коллапсирующей звезды превышает критическую в десятки, сотни, а может быть, даже в тысячи раз. Существование физического тела с плотностью, превышающей его предельную плотность, в принципе не представляется возможным, хотя для различных тел в зависимости от ситуации предельная плотность может выражаться различными конечными числами.

Черная космическая дыра открывается тогда, когда положительная энергия вещества вступает в смертельный контакт с отрицательной энергией пространства. Она закрывается сразу же после того, как коллапсирующее тело полностью исчезло. Поэтому срок жизни каждой черной дыры исчисляется минутами или даже секундами. Однако черная дыра не является единственной. Во Вселенной ежегодно появляется и исчезает множество черных космических дыр. Поэтому убыль энергии из нашей Вселенной происходит импульсами, порциями, своего рода **макроквантами**, а не постоянно.

В каждой черной космической дыре за доли секунды исчезает один гигантский макроквант положительной энергии, который никак не может быть меньше, чем 10^{41} квт·ч. Однако эта колоссальная порция энергии не является неделимой. Она состоит из множества промежуточных квантов, которые в свою очередь состоят из множества элементарных микроквантов — таких, как фотон.

Известно, что фотоны представляют собой микрокванты энергии, величина которой заключена в пределах от $2 \cdot 10^{-33}$ до $2 \cdot 10^{-27}$ квт·ч.

Таким образом, **если масса звезды больше удвоенной массы Солнца, а ее плотность превышает критическую, то предотвратить катастрофу невозможно.**

Тогда возникает очень любопытный вопрос: как протекает процесс старения и гибели звезды, масса которой **меньше** удвоенной массы Солнца? Как мы уже говорили, любая малая звезда, масса которой равна или меньше, чем удвоенная масса нашего Солнца, умирает медленно и неэффектно, превратившись в так называемого **белого карлика.**

20
РОЖДЕНИЕ И ГИБЕЛЬ ГАЛАКТИК
([23], 207-208, 211-213)

> Рождаются, живут и умирают
> не только розы, но и галактики.

> Исай Давыдов

1. Рождение галактик.

Напомним, что **галактикой** называется скопление большого количества звезд, образующее единую космическую систему [25]. Наша Галактика включает в себе около 150 млрд звезд, одной из которых является Солнце.

В каждой белой космической дыре рождается одна порция положительной энергии, которая в дальнейшем превращается в вещество. Однако порции могут быть разными, начиная от элементарного фотона и кончая гигантским макроквантом. Если энергия превращается в вещество, то каждый такой гигантский макроквант энергии превращается в одно отдельное облако водородной плазмы или газа, из которого в свою очередь формируются протозвезды, скопление которых представляет собой протогалактику. Далее протозвезды перерастают в звезды, а протогалактики - в галактики.

Если рост младенца и его превращение в юношу или девушку является закономерным, то столь же закономерным является уплотнение новорожденного вещества и его превращение в устойчивую звездную систему. Звезды и галактики существуют миллиарды и даже десятки миллиардов земных лет без заметного изменения устойчивости, после чего они стареют и умирают, "провалившись" в черных космических дырах. Так звезды рождаются из ничего, развиваются миллионы лет, стабильно существуют миллиарды лет, стареют и быстро исчезают, ни во что материальное не превратившись.

Если мы говорим, что Бог создал человека, то мы имеем в виду, что Бог сотворил род человеческий. Но это вовсе не означает, что тело того или иного человека является вечным и бессмертным. Напротив, тело любого человека рождается, развивается, стабильно существует, накапливает погрешность, стареет и умирает для того, чтобы сбросить накопленную погрешность и вновь родиться в чистом и безупречном виде. Люди рождаются и умирают, а род человеческий остается и совершенствуется. Если мы говорим, что Бог сотворил звезды, то совершенно аналогично мы имеем в виду, что Бог сотворил мир звезд. Но это вовсе не означает, что звездное вещество является якобы вечным и бессмертным. Напротив, звездное вещество рождается в чистых родниках энергии - белых космических дырах.

Энергия превращается в вещество. Из такого рода вещества образуются звезды, которые живут долго. Затем звезды накапливают погрешность, стареют и умирают для того, чтобы вновь родиться в виде чистой энергии, свободной от накопленной погрешности. Звезды рождаются и умирают, а мир звезд расширяется. Ничто материальное не может существовать без своей противоположности. Поэтому если мы говорим о гибели звезд, то мы должны сказать и о вечности той объективной идеи рождения и обновления звезд, которая существует вне и независимо от субъективного сознания человека. Такая объективная идея возрождения материи не может принадлежать ни смертному человеку ни самой смертной материи. Она может принадлежать только лишь вечному и абсолютно совершенному Богу. Ничто во Вселенной не рождается само собой. Поэтому атеистическая басня о саморождении и саморазвитиии материи является антинаучной небылицей.

2. Квазары.

Рождение галактик в белых космических дырах мы можем наблюдать на примере квазаров. **Квазары** - это сверхмощные энергетические ядра небольших размеров, расположенные на периферии Вселенной и удаляющиеся от нас со скоростями, близкими к скорости света. Радиус такого ядра в 5-6 раз меньше радиуса Солнечной системы, однако оно излучает энергию в миллионы раз большую, чем наше Солнце, создавая впечатление "грандиозного взрыва". Источником такого колоссального количества положительной энергии квазаров являются белые космические дыры, в которых из ничего рождается одинаковое количество положительной и отрицательной энергии — в полном соответствии с законом сохранения энергии.

Отрицательная энергия, рождаемая в белых дырах квазаров, превращается в незримые энергетические моря пространственного вакуума, которые расширяют пределы физического пространства. Вследствие этого (а также и по другим причинам) границы Вселенной удаляются от нас со скоростью света. Нынешние квазары в будущем перерастут в целые галактики или даже в скопления галактик.

3. Гибель галактик.

В черной космической дыре исчезают не только массивные звезды. В ней может исчезнуть и целая галактика, состоящая из миллиардов звезд. В черной космической дыре исчезает полностью все материальное, даже энергия! Поэтому полное исчезновение галактики в черной космической дыре ни в коем случае нельзя путать со взрывом галактик, который сопровождается освобождением или даже образованием энергии, но не ее исчезновением. Энергетический источник взрыва, скорее, может быть назван белой космической дырой, а не черной.

Некоторые ученые предполагают, что взрыв может произойти, например, в результате соударения галактики с антигалактикой, при котором вступившие в контакт вещество и электроантивещество полностью превращаются в энергию ([13], стр.207). На самом же деле практическая встреча галактики с антигалактикой маловероятна, а может быть, и вовсе невозможна по причине, о которой Виталий Исаакович Рыдник высказался следующим образом: "Предусмотрительная природа постаралась как можно дальше развести позитроны и электроны", вещество и антивещество, галактики и антигалактики ([70], стр.259) . В противном случае Материальный Мир и мы сами перестали бы существовать.

Понятно, что сама неживая природа не обладает никаким умом для того, чтобы она могла что-либо "предусматривать". Только лишь прямая зависимость от атеистических лидеров заставляет ученого подменять понятие "предусмотрительного Бога" понятием "предусмотрительной природы". Механизм антинаучного обожествления материи весьма прост: материи дается всеобъемлющая формулировка, при которой даже объективная идея подпадает под понятие материи. Затем материи приписываются все важнейшие свойства объективной идеи: предусмотрительность, творческие способности, первичность, вечность, бесконечность и т.д. На основании этих свойств делаются антинаучные выводы, угодные атеизму. Только лишь с учетом всех этих факторов мы согласны с мнением Виталия Исааковича о том, что **предусмотрительный Бог** развел вещество и антивещество как можно дальше друг от друга — так, что соударение галактики с антигалактикой почти исключается.

Рождаются, живут и умирают не только звезды, но и галактики.

21
ОСНОВНОЙ ЗАКОН ТЕРМОДИНАМИКИ

> Положительная энергия сотворима при одновременном сотворении такого же количества отрицательной энергии.
>
> Исай Давыдов

Теперь мы можем ответить на очень важный вопрос: подтверждается ли закон сотворимости энергии (или материи) какими-нибудь астрономическими фактами? Да, подтверждается! Естественными науками (физикой и астрономией) достоверно установлено, что Вселенная расширяется. Расширение Вселенной невозможно без увеличения ее так называемого "вакуумного" пространства, которое фактически представляет собой невесомый и незримый физический океан отрицательной энергии. Согласно закону сохранения энергии, увеличение отрицательной энергии было бы невозможно, если бы положительная энергия пропорционально не возрастала.

Возникновение физической энергии из ничего в далеком космосе мы можем наблюдать ныне на примере квазаров. **Квазары** (quasars) — ядра будущих галактик на периферии Вселенной, которые удаляются от нас со скоростями, близкими к скорости света. Источником энергии квазаров являются в настоящее время белые космические дыры.

Тем не менее почти во всех учебниках и научной литературе до настоящего времени основной закон термодинамики и соответствующий ему закон сохранения энергии неосторожно формулируется примерно следующим образом: "Энергия не возникает и не исчезает, а переходит из одного вида в другой в эквивалентных количествах".

Здесь явно забыли оговорить условия, при которых "энергия не исчезает и не возникает".

Однако такого рода формулировки давно устарели и требуют корректировки, потому что стали всесильными тормозами для дальнейшего развития техники и естественных наук — таких, как термодинамика, физика и астрономия.

Если хотите одолеть быка, то берите его за рога! Если хотите дальнейшего развития науки, то начинайте с правильных определений законов сохранения и сотворения материи. Это позволит вам решить нерешенные проблемы науки и техники.

Поэтому основной закон термодинамики в откорректированной редакции должен быть сформулирован следующим образом: **если в энергетически изолированной системе количество отрицательной энергии сохраняется постоянным и неизменным, то положительная энергия не возникает и не исчезает, а переходит из одного положительного вида в другой положительный вид в эквивалентных количествах.**

Устаревшая формулировка основного закона термодинамики (defender) молчаливо и априори предполагает, что в мире имеется только лишь положительная форма энергии и не имеется якобы никакой отрицательной формы энергии вакуумного пространства, что противоречит теории Дирака и данным современной физики.

Предлагаемая формулировка основного законов термодинамики (challenger) учитывает тот факт, что Вселенная состоит из суммы положительной и отрицательной энергии, а не только из положительной.

И если энергия "не может быть сотворена из ничего" в лабораторных условиях или даже на Земле, то это вовсе не означает, что энергия несотворима вообще, в принципе, в недосягаемых далях космического пространства.

На английском языке обычно пишут так:

"This principle can be stated at the First Law of Thermodynamics: energy cannot be created or destroyed."

Следовало бы сказать так:

"If negative energy is constant, than positive energy cannot be created or   destroyed."

22
ТЕОРИЯ РАСШИРЕНИЯ ВСЕЛЕННОЙ
([23], стр. 216-231), ([24], стр.99-110)

> Если бы Вселенная не расширялась и была бы бесконечной, температура в ней была бы настолько высокой, что даже простейшие молекулярные соединения вряд ли могли образоваться.
>
> Иосиф Шкловский

1. Научные факты расширения Вселенной. "Научный" атеизм и "диалектический" материализм строят свои антирелигиозные "теории" на фантастической исходной предпосылке о "вечности и бесконечности" Вселенной. Эти исходные предпосылки теоретически никем не доказаны и экспериментально никем не подтверждены.

В противовес научным доказательствам атеизм отчаянно пытается "критиковать" всякую научную теорию, которая прямо или косвенно убеждает нас в ограниченности Вселенной во времени и в пространстве. Обращает на себя внимание факт, что эта "критика" ничего научного в себе не содержит, кроме огульных, трафаретных и трескучих фраз.

Приведем примеры.

Первый пример (доклад А.А.Жданова):

"Современная буржуазная наука снабжает поповщину, фидеизм новой аргументацией, которую необходимо беспощадно разоблачать... Не понимая диалектического хода познания, соотношения абсолютной и относительной истины, многие последователи Эйнштейна, перенося результаты исследования законов движения конечной, ограниченной области вселенной на всю бесконечную Вселенную, договариваются до конечности мира, до ограниченности его во времени и пространстве, а астроном Милн даже "подсчитал", что мир создан 2 миллиарда лет тому назад. К этим английским ученым применимы, пожалуй, слоьа их великого соотечественника, философа Бэкона о том, что они обращают бессилие своей науки в клевету против природы".

С этим позорным документом 20 века, зафиксированном в истории "научного" атеизма, вы можете ознакомиться в Большой Советской Энциклопедии, 1953, том 23, стр. 112.

Было бы вполне уместно задать А.А.Жданову вопрос: кто клевещет против природы, ученый или же он сам? Кому и для чего "необходимо беспощадно разоблачать" научно доказанную религиозную истину о расширении Вселенной? Кому и для чего нужно было посылать в сибирскую ссылку и на лютую смерть тех ученых, которые не только верили, но и были убеждены в существовании Бога? Однако радио говорит только лишь то, что оно говорит, и на вопросы не отвечает. Пламенный оратор и государственный муж А.А.Жданов в пылу атеистического угара не понимал и не знал, что всего лишь через 20 лет под натиском неопровержимых научных фактов атеизму придется безоговорочно капитулировать перед этой чисто религиозной научной теорией расширяющейся Вселенной.

Второй пример ([57], стр. 195):

"Распространение в зарубежной литературе различных идеалистических теорий расширяющейся Вселенной вызвало резкую критику этих теорий со стороны ученых-материалистов. Идея о расширении Вселенной совершенно справедливо расценивалась как антинаучная, способствующая укреплению фидеизма".

Запомните, что теория о расширении Вселенной рассматривалась учеными-материалистами как антинаучная. Это недвусмысленно означает, что если фактически теория о расширении Вселенной является все же научной, то материализм на самом деле окажется антинаучным.

Третий пример ([64], стр. 95):

"Одной из попыток опровергнуть представление о бесконечности мира является идеалистическая т е о р и я р а с ш и р я ю щ е й с я В с е л е н н о й... Идеалисты-философы и астрономы сделали вывод, что когда-то вся вселенная была сосредоточена в чрезвычайно малом конечном объеме, своего рода первоатоме, но в какой-то момент времени она стала внезапно расширяться, вместе с чем началось и расширение пространства, первоначально бывшего бесконечно малым. К этому присоединилось заявление, будто этот первоатом был создан Богом и по его воле он и начал свое расширение. Эта реакционная, откровенно фидеистическая теория расширяющейся Вселенной не выдерживает критики".

Ну а что дальше? А дальше то, что истина всегда остается истиной, как бы ее ни критиковали атеисты или материалисты. Дальше материалисты снижают темп своей критики, направленной против научной модели расширяющейся Вселенной, потом стыдливо прячут глаза и на некоторое время смолкают, а затем все хором, словно по команде закулисного дирижера торжественно признают ее научной.

Долгое время научная модель расширяющейся Вселенной подвергалась клеветническим нападкам со стороны материализма и атеизма. Они объявили эту теорию "открыто религиозной", а всех тех ученых, которые придерживались этой теории, они нызывали "лжеучеными". Они не щадили никого и забрасывали оскорблениями даже автора этой теории - самого Альберта Эйнштейна, несмотря на его всемирную известность.

Однако атеистам не удалось забросать теорию расширяющейся Вселенной сочными антирелигиозными фразами. Испытанный метод притупления научной логики с помощью эмоций на этот раз не удался. Прав оказался не пламенный оратор, который гневно кричал по всему миру, используя мощные радиостанции, университетские трибуны, газеты и журналы. Прав оказался тот скромный ученый, который тихо говорил истину. Перекричать истину можно только лишь временно. В конце концов истина всегда восторжествует.

В числе первых материалистов, которым пришлось безоговорочно капитулировать перед открыто религиозной теорией расширяющейся Вселенной, оказался также крупный физик и неутомимый борец против сторонников научной религии А. И. Китайгородский. Он писал: ([44], стр. 190-193):

"Достоверно установлено по изучению эффекта Допплера в спектрах, принадлежащих звездам разных галактик, что все они разбегаются "от нас". При этом было показано, что скорость удаления галактики прямо пропорциональна расстоянию ее "от нас". Самые далекие, видимые физиками галактики движутся со скоростями, приближающимися к половине скорости света...

Модель Вселенной, предложенная Эйнштейном в 1917 г., является естественным следствием разработанной им так называемой общей теории относительности. Однако Эйнштейн не предполагал, что замкнутая Вселенная должна расширяться. Это показал в 1922 - 1924 гг. советский ученый Александр Александрович Фридман (1888 - 1925). Оказалось, что теория требует либо расширения Вселенной, либо чередующихся расширений и сжатий".

Как видите, материализм в конце концов вынужден признать теорию расширяющейся Вселенной. При этом материализм не только признает эту теорию научной, но и отстаивает свой приоритет. Оказывается, что "идеалистическую теорию расширяющейся Вселенной" разработал вовсе не идеалист Альберт Эйнштейн, ее создал советский ученый (а следовательно, материалист!) Александр Александрович Фридман. Вот как оно получается!

Но что же следует из того, что идеалистическую теорию разработал материалист? Следует ли из этого, что идеалистическая теория стала материалистической? Вовсе нет! Научная теория расширяющейся Вселенной как была идеалистической, так остается и останется идеалистической. Приоритет материалиста в разработке какой-либо идеалистической теории свидетельствует лишний раз только лишь о том, что если материалист мыслит объективно и хочет остаться ученым, то он неизбежно рано или поздно придет к идеализму. Однако ученый материалист не может признать себя идеалистом до тех пор, пока он получает заработную плату от такого атеиста, которому совершенно наплевать на объективную истину.

2. Ширма "бессилия" науки.

Безнадежность открытой борьбы атеизма против научной модели расширяющейся Вселенной постепенно стала ясной даже самим ученым-атеистам. Поэтому у них остался один-единственный выход: признать торжественно и пышно эту "открыто религиозную" научную теорию расширяющейся Вселенной, приспосабливая ее к основным догмам атеизма.

И сейчас материалисты не только признают ее, но и отстаивают в ней свой приоритет. Поэтому было бы вполне логично, если бы атеизм признал себя побежденным и сошел с мировой сцены. Но вместо этого атеизм стал приспосабливать к своим основным догмам ту самую научную теорию расширяющейся Вселенной, которую он прежде называл "открыто религиозной".

Поэтому ученый-материалист, угождающий атеизму, вынужден писать примерно так ([44] стр.190-193):

"Для современного человека совершенно неприемлема мысль о Вселенной, имеющей границы... Так что нужно обойтись без представления о границе Вселенной...Надо отчетливо понимать, что вариант начального взрыва вовсе не связан с принятием сотворения мира. Может быть, что попытки заглянуть слишком далеко вперед и назад, а также на слишком большие расстояния неправомерны в рамках существующих теорий".

Возникают вопросы: почему мысль о Вселенной, имеющей границы, является неприемлемой для современного человека, если она научно доказана? Кому и для чего нужно обойтись без представления о границе Вселенной? Если попытки заглянуть слишком далеко неправомерны в рамках существующих теорий, то не означает ли это, что атеизм и материализм признают бессилие своей науки против религии?

На этом примере видно, как атеизм пытается использовать выводы современной науки, предварительно извратив и исказив их. Но как можно приспособить "чисто религиозную" теорию к основным догмам атеизма? Ведь научная теория расширяющейся Вселенной недвусмысленно признает, что много миллиардов лет тому назад размеры новорожденной Вселенной не превышали размеров элементарной частицы. Поэтому она не оставляет никакого места для атеистических басен о "бесконечности и вечности " Вселенной. Атеизм, как антирелигиозное учение, не может существовать без такого рода понятий "вечности" и "бесконечности". Поэтому атеизму пришлось сочинять свою атеистическую версию научной (чисто религиозной) теории.

Член-корреспондент Академии Наук СССР Иосиф Самуилович Шкловский еще в 1976 году (то есть во времена наивысшего расцвета КПСС и тоталитарного атеизма) представляет эту версию следующим образом:

"Примерно 12 млрд. лет назад вся Вселенная была сосредоточена в очень маленькой области.

Многие ученые считают, что в то время плотность Вселенной была около 10^{14}-10^{15} г/см^3, т.е. такая же, как и у атомного ядра. А еще раньше, когда возраст Вселенной исчислялся ничтожными долями секунды, ее плотность была значительно выше ядерной. Проще говоря, Вселенная тогда представляла собой одну гигантскую "каплю" сверхъядерной плотности. По каким-то причинам капля пришла в неустойчивое состояние и взорвалась. Последствия этого взрыва мы и наблюдаем сейчас как разлет системы галактик" ([90], стр. 91).

Если вывод о том, что 12 млрд. лет назад вся Вселенная представляла собой сверхплотную ядерную каплю является правильным (а это, по-видимому, так), всякие рассуждения о "начале" и тем более "сотворении" мира являются ненаучными... Здесь должны были действовать законы квантовой теории тяготения - науки, которая пока еще не создана", ([90], стр.92).

Из этой цитаты видно, что если ученый получает заработную плату у лидеров атеизма, то он физически не может не выступать в защиту атеизма. Но в то же время высокое звание крупного ученого заставляет его быть чрезвычайно осторожным в выражениях. Поэтому Иосифу Самуиловичу приходится представлять новорожденную Вселенную какой-то таинственной "каплей со сверхъядерной плотностью", хотя такое представление является весьма уязвимым не только с научной, но и с атеистической точки зрения.

В самом деле, если Вселенная когда-либо была каплей, то Вселенная не является бесконечной и вечной. Если же плотность этой капли была сверхъядерной (но не бесконечной!), то количество материи в мире не является также бесконечным. Если материя не бесконечна, то она и не вечна. А если она не вечна, то это значит, что материя имела начало. Если же она имела начало, то это значит, что материю сотворила какая-то нематериальная (потусторонняя) сила. Таким образом, от атеистических представлений И.С.Шкловского до научной религии всего лишь один шаг.

Именно по этой причине многие ученые-атеисты среднего калибра категорически заявляют, что первобытная Вселенная представляла собой якобы нулевую точку с бесконечно большой плотностью.

Но что это такое?

В науке действительно существует такое понятие. Но оно имеет такое же чисто теоретическое значение, как например, бесконечная десятичная дробь. Мы знаем, что корень квадратный из двух является **конечным числом**, но условно оно может быть выражено в виде **бесконечной дроби**: 1,4142136..., хотя на самом деле никакой бесконечной дроби в Материальном Мире нет и быть не может. Совершенно аналогично, воображаемое, но на самом деле не существующее, состояние вещества, условно занимающего нулевой объем и условно имеющего бесконечную плотность, принято называть **сингулярностью Шварцшильда** – по имени немецкого физика Карла Шварцшильда (1873-1916).

Однако на самом деле "реальное небесное тело (звезда или галактика) не может превратиться в сингулярность Шварцшильда"([13]стр.219). Именно по этой причине большому ученому И.С.Шкловскому приходится по долгу службы совместить несовместимое и примирить атеизм с наукой следующим образом: "В научных докладах, посвященных этой увлекательной проблеме, приходится слышать и о гораздо более высоких плотностях Вселенной в первые мгновения ее существования: до 10^{91} г/см^3. Заметим, что при такой плотности радиус Вселенной составлял 10^{-12} см, что близко к классическому радиусу электрона...

Трудно отделаться от впечатления, что такая Вселенная чем-то напоминает элементарную частицу. А может быть, более подходящей является аналогия со "сверхгеном" с огромным набором потенциальных возможностей, реализующихся в процессе его дальнейшей эволюции? Думается, однако, что следует ожидать полной неприменимости обычных понятий и законов физики при рассмотрении даже тех систем, которые еще не имеют такой гигантской плотности. В частности, вполне возможно, что понятие "время" также полностью потеряет свой обычный смысл. Поэтому нам представляется, что лишены всякого научного содержания, казалось бы, естественные вопросы: "А что же было еще раньше? Было ли у Вселенной начало?" ([91], стр.14) .

Что можно на это ответь? Прежде всего, если для сверхъядерной плотности всякие рассуждения о начале или сотворении мира являются ненаучными, как это утверждает И.С.Шкловский, то в равной мере по той же причине являются ненаучными и любые другие рассуждения — такие, как: бесконечная плотность первобытной точки, первичность и вечность материи, неуничтожимость и несотворимость материи, неприменимость законов классической или даже релятивистской физики и т.д. Свойства сверхъядерной плотности ни в коей мере не зависят от того, кто делает то или иное заявление: атеист или верующий. Если атеизм объявляет религию ненаучной только лишь на том основании, что законы современной физики неприемлемы для среды со сверхъядерной плотностью, то по этой причине и в такой же мере атеизм обязан объявить ненаучным и самого себя. Проще говоря, научный атеизм перестает быть научным.

Кроме того, из приведенных выше цитат И.С.Шкловского бросается в глаза тот факт, что развитие естественных наук настолько изменилось в пользу религии, что атеизму уже приходится ссылаться на несостоятельность законов классической или даже релятивистской физики. Это значит, что знамя науки прочно перешло в руки религии, ибо за фиктивной ширмой "бессилия науки" пытается спрятаться не религия, которая скромно называет себя верой, а тот самый "научный атеизм", который, пользуясь всеми средствами массовой информации, назойливо кричал везде и всюду о своей "научности". Спрашивается: что же это за "научный"атеизм, который прячется за ширмой "бессилия науки"? Если атеистическая наука бессильна против религии, то это вовсе не означает, что атеизм должен обратить бессилие своей науки в клевету против религии и Бога! Более того, атеизм не имеет никакого права называть научными свои антинаучные, огульно придуманные догмы!

Разве же можно приспособить научную "открыто идеалистическую" модель расширяющейся Вселенной к основным антинаучным догмам материализма?! Грустно видеть белую религиозную теорию, шитую черными нитками атеизма!

Так "научный" атеизм сдает шаг за шагом свои научные позиции и пытается скрыться за таинственными кустами неизвестности. Так "диалектический" материализм признает бессилие материалистической диалектики в борьбе против религии и идеализма. В результате атеизм предлагает религии "ничью". Если, мол, вы перестанете верить в Бога, то мы перестанем спрашивать: было ли у Вселенной начало? А так как религия отвергает такую "ничью", то материализм и атеизм продолжают обращать "бессилие своей науки" в злобную клевету не только против истинной науки, но и против самого Бога.

Тем не менее приходится испытывать глубокое чувство искренней жалости к таким крупным, талантливым и всемирно известным ученым, которые по долгу службы и во имя спасения безнадежно тонущего атеизма были **обязаны** "четко представлять" незамкнутую безграничность и пространственную бесконечность той самой Вселенной, которая 12 миллиардов лет тому назад напоминала элементарную частицу с радиусом, не превышавшим 10^{-12} см.

На словах атеизм и материализм признают лишь то, что подтверждается наукой. На самом же деле они отвергают науку и верят в такие небылицы, как "бесконечность и вечность" расширяющейся Вселенной. На этом примере видно, как атеизм пытается использовать выводы современной науки, предварительно исказив и извратив их. Огульно отвергая или целенаправленно искажая научную модель расширяющейся Вселенной, атеизм и материализм более полувека продолжали оставаться всесильным тормозом для развития современной науки.

Атеизм, который громко и назойливо кричал по всему миру о своей формальной "научности", на самом деле не может существовать без таких фантастических понятий, как "бесконечность и вечность" материи. Однако научная модель расширения Вселенной не оставляет никакого места для атеистических сказок о "бесконечности и вечности" Вселенной. Вот и пришлось теперь атеизму в спешном порядке сочинить новую басню о "бесконечной плотности нулевого объема" первобытной Вселенной.

На этом примере видно, что научная модель расширения Вселенной изменила современную науку в пользу религии настолько, что атеистам приходится прятаться за ширмой "полной неприемлемости обычных понятий и законов физики" при рассмотрении первобытной Вселенной, якобы обладавшей чрезвычайно или даже бесконечно большой плотностью. Обратите внимание, что на "неприемлемость" научных законов физики ссылается именно атеизм, а не религия! Взамен науки тоталитарный атеизм предлагает сотням миллионов неискушенных и доверчивых людей **слепо верить** в очередную небылицу о "бесконечной плотности нулевого объема" новорожденной Вселенной, хотя поверить в нее нет никакой логической возможности.

23
ПРИЧИНЫ РАСШИРЕНИЯ ФИЗИЧЕСКОЙ ВСЕЛЕННОЙ

1. Первоначальный толчок и расширение Вселенной.

Естественными науками достоверно установлено, что Вселенная родилась примерно 12 млрд лет тому назад и стала расширяться от идеальной точки, все геометрические размеры и все материальные атрибуты которой были равны идеальному нулю. Расширение Вселенной продолжается и по сей день. В связи с этим возникает вполне уместный вопрос: по каким причинам расширяется наша Вселенная?

Для возникновения и расширения физической Вселенной прежде всего нужен первоначальный толчок. Мы уже знаем, что в качестве такого первоначального толчка должны быть созданы законы природы, полный свод которых представляет собой идеальную программу рождения и расширения физической Вселенной. Физически же первоначальным толчком может быть элементарная, но весомая энергоантичастичка, о которой мы говорили в 15-й главе.

2. Второе условие расширения Вселенной: сотворение энергии из ничего ([23], 288-292).

Связанный по рукам и ногам жестокими цепями своего собственного пресловутого принципа "несотворимости" материи, атеизм прежде всего безосновательно считает, что Вселенная обладает некоторой, якобы неизменной, положительной массой: **M** = **const.** Далее он негласно предполагает, что расширение такого рода конечной Вселенной происходит якобы в бесконечном и пустом вакуумном пространстве. На самом же деле естественными науками достоверно установлено, что физическое пространство вовсе не является бесконечной пустотой, а представляет собой конечный океан отрицательной энергии.

Таким образом, согласно атеистической интерпретации, эволюционное расширение (или сжатие) Вселенной никак не связано с увеличением (или уменьшением) ее вакуумного пространства, а следовательно, и с увеличением (или уменьшением) отрицательной энергии вакуума. Однако на самом деле расширение Вселенной невозможно без увеличения ее вакуумного пространства, которое представляет собой сплошную непрерывность (континуум) отрицательной энергии. Расширение физического пространства Вселенной без соответствующего увеличения ее отрицательной энергии не представляется возможным точно так же, как не представляется возможным увеличение объема Атлантического океана без соответствующего увеличения в нем объема воды.

Следовательно, расширение Вселенной обязано сопровождаться непрерывным увеличением отрицательной энергии. Согласно закону сохранения, непрерывное увеличение отрицательной энергии во Вселенной должно сопровождаться притоком такого же количества положительной энергии, так что алгебраическая сумма положительной и отрицательной энергии всегда сохраняется постоянной величиной, равной нулю.

Совершенно аналогично, катастрофическое

сжатие Вселенной невозможно без уменьшения ее вакуумного пространства. Это значит, что гравитационный коллапс Вселенной обязан сопровождаться сначала непрерывным или периодическим уменьшением отрицательной энергии вакуумного пространства, а в конечном счете - ее полным и тоталитарным исчезновением. Согласно закону сохранения, аннигиляция отрицательной энергии вакуумного пространства невозможна без аннигиляции такого же количества положительной энергии коллапсирующей Вселенной.

Таким образом, **необходимым условием расширения Вселенной** является сотворение энергии из ничего, а неизбежным следствием гравитационного коллапса и катастрофического сжатия Вселенной является полное исчезновение всей ее энергии, ни во что не превращаясь.

Если бы энергия была несотворимой, то физическое пространство Вселенной, представляющее собой бушующий океан отрицательной энергии, не могло бы расширяться. Однако факт налицо: Вселенная и ее пространство расширяются. Следовательно, **энергия сотворима**.

3. **Взаимная зависимость расширения и эволюции Вселенной (закон количества и качества).**

Если бы в расширяющейся Вселенной количество положительной массы не возрастало, то согласно диалектическому закону перехода количественных изменений в качественные изменения, материя не могла бы изменяться качественно. Если бы материя не изменялась качественно, то неживая материя не могла бы превратиться в живую материю, а Вселенная

194

оказалась неэволюционной. **Нет эволюции без изменения качества, как нет изменения качества без изменения количества.**

Если атеизм признает, что "Вселенная эволюционирует, и притом сильнейшим образом" ([90]стр.96), то он в той же сильнейшей степени обязан признать не только качественное, но и количественное изменение материи во Вселенной. В противном случае он должен отказаться от диалектического закона перехода количества в качество. Но тогда диалектический материализм перестает быть диалектическим, а научный атеизм перестает быть научным.

Атеистический принцип **несотворимости** материи несовместим с научной теорией **эволюции** Вселенной. В то же время, если мы признаем количественное изменение материи во Вселенной, то это вовсе не означает, что мы якобы отказываемся от законов сохранения. Мы должны отбросить (как устаревшие) не сами законы сохранения, а только лишь их некорректные и неправильные формулировки – такие, как: "В изолированной системе сумма всех видов энергии сохраняется постоянной и, следовательно, сумма приращений всех видов энергии равна нулю".

Для правильного и гармоничного совмещения физических законов сохранения с диалектическим законом перехода количества в качество закон сохранения энергии (массы) должен быть сформулирован следующим образом: в энергетически изолированной системе **алгебраическая сумма** всех видов энергии всегда сохраняется постоянной и, следовательно, **положительная энергия сотворима (уничтожима)** при одновременном и эквивалентном сотворении (уничтожении) отрицательной энергии. И наоборот, отрицательная энергия сотворима (уничтожима) при одновременном и эквивалентном сотворении (уничтожении) положительной энергии.

Поэтому даже с точки зрения эволюционной теории необходимым условием расширения Вселенной является непрерывное сотворение энергии из ничего. Если факт расширения Вселенной установлен достоверно (а это именно так!), то сотворимость энергии и материи можно считать научно доказанной. Истина о сотворении энергии доказывается просто, а атеизм ее не хочет почему-то признать.

Совершенно аналогично можно доказать, что необходимым следствием гравитационного коллапса и катастрофического сжатия Вселенной является тоталитарное исчезновение (аннигиляция) энергии без всякого превращения во что бы то ни было материальное. Если научная теория гравитационного коллапса верна (а это именно так!), то уничтожимость энергии и материи можно считать научно доказанной.

Таким образом, признание теории эволюционной Вселенной не спасает научный атеизм от полного научного краха, ибо и тут он сталкивается все с той же проблемой рождения и аннигиляции материи и Вселенной.

4. Средняя плотность Вселенной.

В связи с этим напрашивается вполне уместный вопрос: чему же равна "средняя" плотность расширяющейся Вселенной и изменяется ли она с течением времени вообще? Мы уже знаем, что в какой бы мере ни возрастали арифметические величины положительной и отрицательной энергии в отдельности, их алгебраическая сумма во Вселенной всегда остается постоянной и равной нулю в полном соответствии с законами сохранения и сотворения энергии. Мы знаем также и то, что положительная энергия выражает массу вещества, а отрицательная энергия - вакуумное пространство. Рост положительной массы неизбежно сопровождается эквивалентным увеличением вакуумного пространства так, что их отношение (то есть средняя плотность) всегда остается постоянным числом.

Предостережение: средняя плотность Вселенной не есть отношение масс, а есть отношение положительной массы Вселенной к ее обьему. Отношение масс равно $E/(-E) = -1$.

Согласно закону сохранения энергии, средняя плотность Вселенной никогда с течением времени не изменяется. Она всегда сохраняется постоянной величиной как в период расширения, так и в период сжатия Вселенной: $p = \text{const}$. Постоянной сохраняется не положительная масса, а средняя плотность Вселенной:

$$p = \frac{3M}{4\pi R^3} = \text{const}, \quad M = 4{,}1888 p R^3 = \text{var}. \quad (22)$$

Средняя плотность Вселенной начинает свое существование не с нулевой, а сразу же с некоторой конкретной величины (равной примерно $2 \cdot 10^{-33}$ кг/см³), которая остается постоянной на протяжении всей жизни Вселенной. Однако это вовсе не означает, что вещество во Вселенной распределяется якобы равномерно. Напротив, нам достоверно известно, что положительная энергия в соответствии с заложенной в ней программой эволюционного развития неизбежно должна концентрироваться в электроны, протоны, атомы, молекулы, газы, жидкости, твердые тела и т.д. Распределение вещества во Вселенной вполне соответствует народной поговорке: "где-то густо, а где-то пусто". Однако под "средней плотностью" мы понимаем условно усредненную плотность Вселенной, хотя фактически никакого усреднения нет. Такой схематизацией принято пользоваться для того, чтобы существенно облегчить решение тех или иных научных проблем без ущерба для его качества.

24
РОЛЬ ГРАВИТАЦИОННЫХ И ЦЕНТРОБЕЖНЫХ СИЛ В РАСШИРЕНИИ И СЖАТИИ ФИЗИЧЕСКОЙ ВСЕЛЕННОЙ

Третье условие расширения и сжатия физической Вселенной: гравитационные и центробежные силы, ([23]стр.288-299).

Известно, что центробежные силы, которые действуют на частицы физического тела, стремятся расширить данное тело. И наоборот, центростремительные силы, действующие на частицы тела, стремятся сжать данное физическое тело. Составим условие равновесия центробежных и центростремительных сил для шарообразного физического тела с массой М и радиусом R, вращающегося с угловой скоростью ω вокруг некоторой центральной оси. При этом будем предполагать, что любая частичка на поверхности данного тела притягивается к ее центру только лишь гравитационной силой и отталкивается от него только лишь центробежной силой вращения. Из этого условия найдем **гравитационные** характеристики Вселенной:

$$Rg = \frac{2GM}{(v_g)^2}, \qquad p_g = \frac{0{,}12 \cdot (v_g)^2}{G \cdot (Rg)^2},$$

$$(23)$$

$$\omega_g = \sqrt{8{,}3333 \cdot G \cdot p_g}, \qquad v_g = Rg \cdot \sqrt{8{,}3333 \cdot G \cdot p_g}.$$

Здесь G - гравитационная постоянная.

Если центробежные силы вращения уравновешены центростремительными силами гравитации в соответствии с формулами (23), то соответствующие характеристики вращающейся модели — такие, как **плотность** p_g, **радиус** R_g, **угловую скорость** ω_g и **окружную скорость** v_g — мы называем **гравитационными**.

Если $v = c$, то гравитационные характеристики становятся критическими, ибо скорость v не может стать больше критической (световой) скорости c.

В уравнения (23) подставим максимально возможное значение экваториальной скорости v, равное скорости света c, и найдем критические характеристики Вселенной:

$$R_{cr} = 2GM/c^2, \qquad p_{cr} = \frac{0{,}12 \cdot c^2}{G \cdot (Rcr)^2},$$

$$(24)$$

$$\omega_{cr} = c/R_{cr} = \sqrt{8{,}3333 \cdot G \cdot p_{cr}}, \qquad v_{cr} = c.$$

В связи с этим **гравитационные** характеристики (23) вращающегося тела мы называем в то же время **критическими**, если окружная скорость v равна световой (критической) скорости c. Если же окружная скорость больше световой скорости или если гравитационный (или текущий) радиус меньше критического радиуса, то такую ситуацию мы называем **сверхкритической**.

Сверхкритическая ситуация не может быть реализована практически без аннигиляции энергии. И если $v_g > c$, то это вовсе не означает, что окружная скорость v якобы стала больше скорости света. Это означает только лишь то, что при $R_g < R_{cr}$ для уравновешивания центробежных и центростремительных сил необходимы сверхсветовые скорости, которых в нашем вещественном мире нет и не может быть.

Шаровую поверхность физического тела, радиус которой равен критическому радиусу, принято называть **сферой Шварцшильда**, в честь немецкого ученого К.Шварцшильда (1873 — 1916), ([52], стр.175).

Таким образом, гравитационные характеристики Вселенной не обязательно должны быть критическими. Но критические характеристики всегда являются гравитационными.

Расширение Вселенной возможно только лишь при условии, что

$$c > v > v_g, \qquad \omega_{cr} > \omega > \omega_g,$$
$$\tag{25}$$
$$R > R_g > R_{cr} \quad \text{или} \quad p < p_g < p_{cr},$$

где ω - скорость вращения Вселенной вокруг своей собственной оси, а v - окружная скорость на ее периферии. Если условие (25) соблюдается, то расширение Вселенной может произойти даже тогда, когда действительная скорость v значительно меньше критической скорости c, но больше гравитационной скорости хотя бы на сколь угодно малую величину.

Если экваториальная скорость Вселенной v меньше скорости света c, то гравитационный радиус всегда больше критического радиуса, а гравитационная плотность всегда меньше критической плотности. Поэтому если текущий радиус больше гравитационного радиуса, то рассматриваемая модель расширяется. Если текущий радиус больше критического, но меньше гравитационного радиуса, то вопрос о статическом равновесии, некатастрофическом сжатии или возможном расширении определяется другими (дополнительными!) факторами. Если текущий радиус меньше критического радиуса, то имеет место гравитационный коллапс и катастрофическое сжатие.

Если средняя плотность меньше гравитационной плотности, то рассматриваемая модель расширяется. Если средняя плотность меньше критической, но больше гравитационной плотности, то модель может сжиматься, расширяться или быть в состоянии статического равновесия в зависимости от других (дополнительных!) факторов. Примерами таких моделей, которые находятся в состоянии статического равновесия, являются атомы, Земля, Солнце и т.д. Если же средняя плотность больше критической плотности, то имеет место гравитационный коллапс и катастрофическое сжатие.

Вселенная ныне расширяется потому, что ее текущий радиус больше не только критического, но и гравитационного радиуса, а ее средняя плотность меньше не только критической, но и гравитационной плотности.

Гравитационный коллапс и катастрофическое сжатие имеет место в сверхкритической ситуации, когда средняя плотность больше критической плотности или текущий радиус меньше критического радиуса:

$$v_g > c > v \, , \qquad \omega_g > \omega_{cr} > \omega,$$

$$R < R_{cr} < R_g \quad \text{или} \quad p > p_{cr} > p_g \, ,\tag{26}$$

Гравитационный коллапс и катастрофическое сжатие шарообразного физического тела (в данном случае речь идет о Вселенной) происходит только лишь в том случае, если его радиус меньше критического радиуса или если средняя плотность больше его критической плотности.

Скорость движения вещественной частицы физически не может превышать критическую (световую) скорость без аннигиляции (исчезновения) материи. Поэтому если масса коллапсирующего тела превышает удвоенную массу нашего Солнца, то гравитационное сжатие будет протекать до полного исчезновения коллапсирующего тела в черной космической дыре. Для этого случая в природе не существует сил, которые могли бы остановить катастрофическое сжатие и спасти коллапсирующее тело от полного физического исчезновения.

Если

$$c > v_g > v, \qquad \omega_{cr} > \omega_g > \omega,$$

$$R_g > R > R_{cr} \quad \text{или} \quad p_g < p < p_{cr} \, ,\tag{27}$$

то сжатие Вселенной оказалось бы некатастрофическим, которое в определенных условиях может перейти в расширение .

Если средняя плотность Вселенной больше критической хотя бы на сколь угодно малую величину, то она **обязана** сжиматься. Если же **средняя плотность Вселенной меньше критической, то** расширение Вселенной является возможным, но не обязательным. Последнее положение выражает всего лишь необходимое (но недостаточное!) условие, при котором расширение может произойти. Для расширения Вселенной необходимо превышение центробежных сил над гравитационными. А это возможно только лишь тогда, когда средняя плотность Вселенной меньше не только критической, но и гравитационной плотности, см. формулу (25).

Кроме того, это условие ни в коей мере не является источником расширения Вселенной хотя бы даже потому, что физическое пространство не может расширяться без притока отрицательной энергии, а галактики не могут расходиться без притока положительной энергии, подобно тому, как спутник не может оторваться от своей орбиты без дополнительной энергии, которая необходима для увеличения его окружной скорости.

"Научный" атеизм и "диалектический" материализм безосновательно считают, что Вселенная якобы расширяется, потому что средняя плотность Вселенной меньше критической [44, 90, 91].

Например, для водорода радиус атомного ядра ($R = 1,3 \cdot 10^{-13}$ см) больше его критического радиуса ($R_{cr} = 25 \cdot 10^{-53}$ см), а плотность его атомного ядра ($\rho = 0,18 \cdot 10^{12}$ кг/см³) значительно ниже его критической плотности ($\rho_{cr} = 26 \cdot 10^{126}$ кг/см³). Однако это вовсе не означает, что атомное ядро должно якобы расширяться. Окружное движение элементов ядра, а следовательно, и центробежные силы — весьма малы по сравнению с силами гравитационного притяжения. Тем не менее если атомное ядро сжать до его сверхкритической плотности, то оно будет коллапсировать даже в лабораторных условиях.

Критический радиус человека (M = 80 кг) в 10^{10} раз меньше ядра атома и равен: $\mathbf{R_{cr}}$ = 1,2·10^{-23} см. Критическая плотность тела человека ($\mathbf{p_{cr}}$ = 10^{70} кг/см^3) в 10^{58} раз больше ядерной плотности. Однако это вовсе не означает, что человеческое тело по этой причине должно якобы расширяться, подобно Вселенной.

Действительный радиус Земли (R = 6370 км) больше ее критического радиуса (9·10^{-6} км) в 716·10^6 раз. Действительная плотность Земли (0,0055 кг/см^3) меньше ее критической плотности (2·10^{24} кг/см^3) в 364·10^{24} раз. Однако это также вовсе не означает, что Земля по этой причине должна якобы расширяться, подобно Вселенной, ибо экваториальная скорость вращения Земли вокруг своей собственной оси v равна всего полкилометра в секунду. Для такого рода расширения Земли эта скорость должна превышать 11 км/сек (так называемая **вторая космическая скорость** у поверхности Земли). Тем не менее если Землю сжать до ее сверхкритической плотности, то она будет коллапсировать и исчезнет в своей собственной черной космической дыре.

Действительный радиус Солнца (R = 696 000 км) больше его критического радиуса (3 км) в 232·10^3 раз. Дествительная плотность Солнца (0,0014 кг/см^3) меньше его критической плотности (18·10^{12} кг/см^3) в 12,86·10^{15} раз. Однако и это вовсе не означает, что Солнце по этой причине должно якобы расширяться, подобно Вселенной, ибо экваториальная скорость вращения Солнца вокруг своей собственной оси v равна всего 2 км/сек ([90]стр.124). Для такого рода расширения Солнца эта скорость должна превышать 614 км/сек. Чтобы разогнать вращение Солнца до такой скорости, необходима дополнительная энергия. Тем не менее если Солнце сжать до его сверхкритической плотности (до радиуса = 2,9 км), то Солнце будет коллапсировать без всяких дополнительных условий до тех пор, пока оно полностью не исчезнет в своей собственной черной космической дыре.

То же самое можно сказать и о Вселенной: если ее средняя плотность окажется выше критической, то ничто ее не спасет от гравитационного коллапса, для которого это условие является не только необходимым, но и достаточным. Она катастрофически будет сжиматься до тех пор, пока полностью не исчезнет в черной дыре. Однако если средняя плотность Вселенной меньше критической, то одного этого вовсе недостаточно для того, чтобы Вселенная расширялась, ибо у нас нет совершенно никаких оснований даже предполагать, что окружная (а не радиальная!) скорость периферии Вселенной якобы всегда равна скорости света.

Поэтому если средняя плотность Вселенной меньше критической, но если окружные скорости ее элементов достаточно малы, то никакого расширения Вселенной не будет. Расширение Вселенной возможно только лишь при дополнительном условии, что окружные скорости поддерживаются достаточно высокими, хотя бы на периферии Вселенной. А это возможно только лишь в том случае, если во Вселенной рождается энергия. Мощными источниками такого рода энергии на периферии нашей Вселенной являются ныне квазары.

Таким образом, **третьим условием расширения Вселенной является превышение центробежных сил вращения над центростремительными силами гравитации.**

25
МОМЕНТ КОЛИЧЕСТВА ВРАЩАТЕЛЬНОГО ДВИЖЕНИЯ ФИЗИЧЕСКОЙ ВСЕЛЕННОЙ
([23], стр.305-308)

Четвертое условие расширения Вселенной: изменение момента количества вращательного движения.

Во многих публикациях, посвященных теории эволюционной Вселенной, вопрос об изменении как энергии, так и момента количества движения Вселенной в процессе ее расширения или сжатия из рассмотрения почему-то опускается. Этот факт служит одним из негативных элементов существующей модели эволюционной Вселенной, которая в целом является позитивной и правильной.

Согласно условиям (25), расширение эволюционной Вселенной возможно только лишь в том случае, если в процессе расширения окружные скорости на ее периферии поддерживаются достаточно высокими, в связи с чем в теории эволюционной Вселенной атеизм сталкивается не только с энергетической проблемой, но и с проблемой изменения и перераспределения количества движения.

Согласно атеистической интерпретации, всеобщий момент количества вращательного движения эволюционной Вселенной ([90], стр.64,119) в процессе ее расширения и сжатия сохраняется постоянной величиной:

$$K = 0,4 \cdot M \cdot R \cdot v = 0,4 \cdot m \cdot R^2 \cdot \omega \qquad (28)$$

На самом же деле в процессе расширения Вселенной энергия E (а следовательно, и масса M) возрастает пропорционально кубу радиуса, а скорость может уменьшаться, но не должна быть меньше гравитационной скорости. В противном случае расширение Вселенной перейдет в ее сжатие.

Подставим значение гравитационной скорости из первого выражения (19) в уравнение (28) и найдем максимально возможное значение

$$K = 0{,}57 \cdot \sqrt{GM^3R}\,. \qquad (29)$$

Из (29) видно, что момент количества вращательного движения расширяющейся Вселенной не может сохраняться постоянным, а должен увеличиваться по крайней мере пропорционально квадратному корню из радиуса (даже если материя была бы несотворимой).

Поэтому, даже с точки зрения эволюционной теории, **непрерывный рост момента количества вращательного движения является необходимым условием расширения Вселенной.**

Согласно законам сохранения, такого рода рост момента количества вращательного движения происходит как за счет уменьшения количества центробежного движения (вследствие уменьшения центробежной скорости), так и за счет рождения материи из ничего. Расширение Вселенной при одновременном увеличении (или даже сохранении) окружных скоростей ее элементов не представляется возможным без увеличения общего момента количества вращательного движения. А увеличение общего момента количества вращательного движения невозможно без замедления центробежного движения и без увеличения общей энергии Вселенной.

Если бы какое-то количество радиального движения материи не передавалось ее тангенциальному движению, то расширение Вселенной происходило бы с постоянной световой скоростью. Однако естественными науками достоверно установлено, что расширение Вселенной происходит замедленно.

Совершенно аналогично в случае гравитационного коллапса момент количества вращательного движения Вселенной также не может сохраняться постоянным, а должен уменьшаться по крайней мере пропорционально квадратному корню из радиуса (даже если материя была бы неуничтожимой). Поэтому гравитационный коллапс и катастрофическое сжатие Вселенной обязательно сопровождается непрерывным уменьшением всеобщего момента количества ее вращательного движения.

Как известно, сжатие космических систем сопровождается "утечкой" громадного момента количества вращательного движения ([90],стр.126) . Однако если сжимающаяся протозвезда (или коллапсирующая звезда) передает момент количества своего вращательного движения другим космическим системам якобы при помощи таких "приводных ремней", как магнитные линии, то коллапсирующей Вселенной некуда передать момент количества своего вращательного движения.

Согласно законам сохранения, такого рода уменьшения момента количества вращательного движения происходит как за счет увеличения количества центростремительного движения (вследствие увеличения центростремительной скорости), так и за счет аннигиляции энергии в черной дыре.

При гравитационном коллапсе радиус орбиты, по которой движется та или иная частица, непрерывно уменьшается и всегда остается меньше критического радиуса коллапсирующего тела: $R < R_{cr}$. Условие сохранения момента количества движения для любой такой частицы можно записать в следующем виде:

$$K = 0,4 \cdot MRv = 0,4 \cdot M_{cr}R_{cr}c, \qquad (30)$$

из которого видно, что если энергия была бы неуничтожимой ($M = M_{cr} = const$), то с уменьшением радиуса Вселенной R окружная скорость v должна была бы возрасти выше критической, что невозможно без аннигиляции энергии.

Если окружная скорость v не может превзойти критическую скорость c, то пропорционально текущему радиусу R должен уменьшаться критический радиус R_{cr}. Тогда согласно первой формуле (24), масса M должна уменьшаться, а энергия E - аннигилировать.

Поэтому **гравитационный коллапс неизбежно сопровождается увеличением скорости выше критической и аннигиляцией энергии.**

26
СТАЦИОНАРНОЕ ВРАЩНИЕ ЭВОЛЮЦИОННОЙ ВСЕЛЕННОЙ
([23], стр.308-315)

1. Вращение физической Вселенной.

Если бы Вселенная не вращалась, то она бы сжималась под действием гравитационных сил. Если бы Вселенная сжималась, то рано или поздно она бы сжалась до критического состояния и исчезла навсегда. Однако Вселенная существует. Это значит, что она вращается.

Если бы на галактики не действовали центробежные силы, то не было бы никакого их разлета, а Вселенная никогда бы не расширялась. Сколько бы энергии ни рождалось, Вселенная все равно сжималась бы под действием гравитационных сил до тех пор, пока полностью не исчезла бы в своей собственной черной дыре. Наличие центробежных сил, действующих на галактики, недвусмысленно свидетельствует о том, что Вселенная вращается вокруг своего центра с некоторой угловой скоростью ω. Если бы такого рода вращения не было, то не было бы и никакого расширения Вселенной. Таким образом, если вторым необходимым условием расширения Вселенной является увеличение количества энергии, то пятым необходимым условием расширения Вселенной является ее вращение вокруг своего собственного центра.

Атеизм явно или неявно предполагает, что скорость такого вращения якобы определяется из условия сохранения момента количества вращательного движения Вселенной. Если бы это было верно, то скорость падала бы так быстро, что расширение сразу же перешло бы в сжатие. Однако в объективной действительности этого не происходит.

Но тогда возникает вполне естественный вопрос: с какой угловой скоростью Вселенная вращается вокруг своего центра?

2. Стационарное вращение эволюционной Вселенной

Согласно законам инерции и вариационному принципу Гамильтона – Остроградского, в Материальном Мире из всех возможных форм движения реализуется только лишь такая форма, которая требует наименьших затрат энергии. Поэтому скорость вращения Вселенной должна быть постоянной (стационарной). При этом не пространство вращается, а звездные системы вращаются относительно пространства.

Например, Земля с того момента, когда она стала Землей, по сей день вращается вокруг своей собственной оси с постоянной угловой скоростью. Солнце с того самого момента, когда оно стало Солнцем, и по сей день вращается вокруг своей собственной оси с постоянной угловой скоростью. Звезды и галактики также вращаются вокруг своих собственных осей с постоянными угловыми скоростями. Таких примеров мы могли бы привести несметное множество. Рассматривая любое количество других примеров, мы бы пришли к таким же выводам. Тогда, пользуясь общепризнанным научным методом индуктивного познания объективной истины, мы можем перейти от частных примеров к следующему общему закону стационарного вращения космических систем: **космические системы в установившемся режиме вращаются вокруг своих собственных осей с постоянными угловыми скоростями.**

Вселенную в целом мы можем рассматривать как космическую систему. Поэтому, пользуясь общепризнанным научным методом дедуктивного познания объективной истины, мы можем перейти от общего закона к следующему частному следствию:

В период расширения (как и в период сжатия) Вселенная вращается вокруг своего центра с одной и той же постоянной угловой скоростью: $\omega = const$.

Это положение представляет собой **закон стационарного вращения эволюционной Вселенной,** который математически мы выразим далее при помощи формулы (35). Мы называем Вселенную **эволюционной,** но не потому что в ней материя якобы несотворима, а потому, что она **рождается из ничего, изменяется качественно и поэтапно,** стареет и исчезает, не превращаясь во что бы то ни было материальное.

Однако согласно основному закону природы, эволюция Вселенной не может существовать без своей противоположности - стационарности. В связи с этим эволюционную Вселенную мы также называем **стационарной,** но не потому что она является якобы неизменной, вечной и бесконечной, а потому что на протяжении всей своей жизни она вращается вокруг своей оси с **постоянной угловой скоростью** (как, например, Земля или Солнце).

Согласно условиям (23), для расширения или сжатия Вселенной действительная скорость ее вращения должна быть больше или меньше гравитационной. Но при этом возникает вполне естественный вопрос: насколько?

Сначала рассмотрим период расширения Вселенной.

Если бы окружная скорость v на периферии Вселенной была намного больше гравитационной скорости v_g, то Вселенная расширялась бы ускоренно. Однако естественными науками достоверно установлено, что расширение Вселенной протекает **замедленно, а не ускоренно.** Кроме того, ускоренное расширение Вселенной не представляется возможным и теоретически с самого начала потому, что она сразу же стала расширяться с максимально возможной скоростью, равной скорости света.

Если бы окружная скорость v на периферии Вселенной была меньше гравитационной скорости v_g на сколь угодно малую величину, то Вселенная сжималась бы, а не расширялась. Однако естественными науками достоверно установлено, что Вселенная расширяется, а не сжимается. Следовательно, Вселенная расширяется при условии, что окружная скорость v на ее периферии превышает гравитационную скорость v_g на чрезвычайно малую величину.

Теперь рассмотрим период сжатия Вселенной.

Если бы Вселенная вращалась медленно (то есть если бы гравитационные силы были больше центробежных), то Вселенная сжималась бы. Если бы центробежные силы были равны гравитационным, то Вселенная вращалась бы без расширения и сжатия. Однако, по эффекту Доплера установлено, что Вселенная расширяется. Следовательно, центробежные силы в настоящее время больше гравитационных.

Если бы окружная скорость v на периферии Вселенной была больше гравитационной скорости v_g на сколь угодно малую величину, то Вселенная расширялась бы, а не сжималась. Однако мы здесь рассматриваем период сжатия, а не расширения.

Если бы окружная скорость v на периферии Вселенной была намного меньше гравитационной скорости v_g, то Вселенная сжималась бы со значительным ускорением. Тогда центростремительные скорости очень скоро превысили бы световую скорость, что практически не представляется возможным. Согласно законам инерции, ускорение периода сжатия графически должно быть симметричным ускорению периода расширения, то есть сжатие Вселенной не должно протекать более быстрыми темпами, чем ее расширение. А для этого необходимо, чтобы с самого начала процесса сжатия во Вселенной открывалось достаточное количество черных космических дыр, в которых исчезнет соответствующее количество энергии: не больше и не меньше. Следовательно, Вселенная сжимается при условии, что окружная скорость v на ее периферии меньше гравитационной скорости v_g на чрезвычайно малую величину.

Совершенно аналогично мы можем доказать, что гравитационная скорость вращения Вселенной ω_g в период расширения меньше, а в период сжатия больше действительной скорости ее вращения ω также на чрезвычайно малую величину.

Первое приближение этих зависимостей может быть представлено в следующем виде:

$$\omega_g = \omega \cdot [1 \pm s \cdot \cos(\omega t)],$$
$$v_g = v \cdot [1 \pm s \cdot \cos(\omega t)], \tag{31}$$

где s- чрезвычайно малое число, например: s = 0.01. Согласно формулам (23), разница между действительными и гравитационными плотностями (или радиусами) будет на порядок меньше этой малой величины.

В сравнении с весомой и зримой материей невесомое и незримое пространство Вселенной увеличивается с опережением и уменьшается с опозданием. В процессе расширения Вселенной лидирует энергия вакуума, а в процессе ее сжатия лидирует энергия вещества. Поэтому отношение радиуса вещественной части Вселенной к радиусу ее вакуумного пространства всегда остается немногим меньше единицы. Тем не менее с течением времени это отношение (а также всеобщая энергопроизводительность всех белых и черных дыр!) уменьшается таким образом, что гравитационная плотность Вселенной p_g в период расширения больше, а в период сжатия меньше средней плотности p на величину второго порядка малости.

Соответственно, текущий радиус Вселенной R в период расширения больше, а в период сжатия меньше ее гравитационного радиуса R_g на величину второго порядка малости. Разницы между этими величинами будут настолько незначительны, что для практических расчетов в первом приближении мы можем ими пренебречь:

$$p = p_g = const, \qquad R = R_g = var.$$
$$v = R \cdot \omega, \qquad v_g = R \cdot \omega_g. \tag{32}$$

Как мы уже знаем, угловая скорость вращения Вселенной всегда остается постоянной величиной: ω = **const**. В период расширения Вселенной ее радиус R увеличивается от 0 до некоторой максимальной величины R_{max}. Из третьего уравнения (32) видно, что экваториальная скорость периферии Вселенной v также растет от нуля пропорционально ее радиусу R. Если величина окружной скорости достигнет своего критического значения (v = c), то дальнейшее ее увеличение окажется невозможным, и поэтому расширение Вселенной прекратится:

$$v = \omega \cdot R, \qquad c = \omega \cdot R_{max},$$
$$p = p_g = p_{cr} \qquad R = R_g = R_{cr} = R_{max} \qquad (33)$$

Величину максимального радиуса Вселенной мы можем определить при помощи второго уравнения (24), подставив в него $p_{cr} = p$, $R_{cr} = R_{max}$, а также численные значения гравитационной постоянной G и световой скорости c:

$$Rmax = [(4 \cdot 10^{14}) : (\sqrt{p}\,)] \text{ км.} \qquad (34)$$

Теперь **закон стационарного вращения эволюционной Вселенной** мы можем записать в следующей форме:

$$\omega = v/R = c/Rmax = 0{,}748 \cdot 10^{-9} \cdot \sqrt{p} = \text{const, сек}^{-1}. \quad (35)$$

Здесь **p** = **const** - средняя плотность Вселенной (в кг/км^3), которая согласно закону сохранения энергии, никогда не изменяется и всегда равна постоянному числу. Как увидим дальше, угловая скорость вращения Вселенной ω есть по сути дела частота цикла ее расширения и сжатия.

В целях экономии энергии (согласно вариационному принципу Гамильтона и Остроградского) Вселенная вращается с постоянной угловой скоростью. При этом гравитационная скорость вращения ω_g в период расширения слегка меньше, а в период сжатия - слегка больше, чем действительная скорость вращения Вселенной ω.

3. Взаимная зависимость вращательного и радиального движений во Вселенной.

Согласно атеистической интерпретации, всеобщий момент количества вращательного движения эволюционной Вселенной никак не связан с количеством движения материи в радиальном направлении.

На самом же деле момент количества вращательного движения Вселенной и количество радиального движения материи во Вселенной, соответственно, зависят от окружной и радиальной скоростей, которые связаны между собой и ограничены предельной (световой) скоростью, рис.3:

$$\dot{R}^2 + v^2 = c^2 \; ;$$

$$v = c \cdot \sin(\omega t) \; ;$$

$$\dot{R} = c \cdot \cos(\omega t) \; ; \qquad (36)$$

$$v = \dot{R} \cdot \text{tg}(\omega t) \; .$$

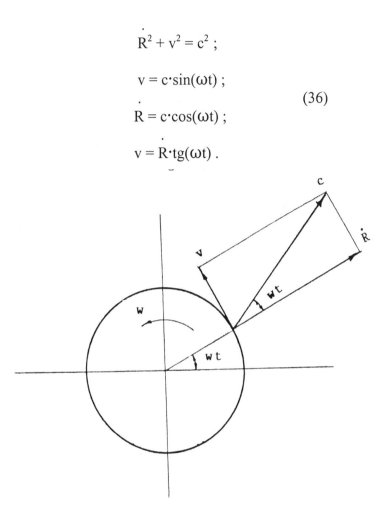

Рис. 3. Любая материальная точка на периферии Вселенной всегда движется со скоростью света c, которая разлагается на две составляющие: окружную v и радиальную Ṙ. Эти скорости связаны между собой соотношениями (36).

Если одна из скоростей (v или Ṙ) равна скорости света с, то другая должна быть равна нулю. Если бы окружная скорость была равна нулю, то не было бы никаких центробежных сил, а расширение вещественной Вселенной и разлет галактик — оказались бы невозможными. Это значит, что со скоростью света Вселенная могла расширяться только лишь в первые мгновения своего существования, когда первобытная энергия еще не превратилась в вещество. Все дальнейшее расширение Вселенной должно сопровождаться непрерывным уменьшением радиальной скорости ниже световой. Скорость движения любого вещества (а следовательно, и скорость расширения вещественной Вселенной!) всегда меньше скорости света с. Тогда согласно уравнениям (36), окружная скорость v всегда должна быть больше нуля, и поэтому **вещественная Вселенная должна вращаться вокруг своего собственного центра.**

Это значит, что **факт объективного** существования центра вращения Вселенной можно считать научно доказанным.

Таким образом, **шестым условием расширения Вселенной является** передача некоторого количества радиального движения материи ее тангенциальному движению. Необходимым условием сжатия Вселенной является передача некоторого количества тангенциального движения материи ее радиальному движению. Постоянной сохраняется угловая скорость вращения Вселенной, а не момент количества ее вращательного движения: $\omega = \text{const}$ $K = \text{var}$.

Какое-либо расширение или сжатие Вселенной было бы невозможным, если бы материя была несотворимой или если бы всеобщий момент количества вращательного движения Вселенной оказался постоянным.

Пятое и шестое условия расширения Вселенной: стационарное вращение эволюционной Вселенной и передача количества радиального движения тангенциальному,

27
РАСШИРЕНИЕ И СЖАТИЕ ФИЗИЧЕСКОЙ ВСЕЛЕННОЙ

Расширение и сжатие Вселенной.
Согласно основному закону природы, ничто ф и з и ч е с к о е н е в о з м о ж н о б е з с в о е й противоположности. Следовательно, расширение физической Вселенной невозможно без ее сжатия так же, как день без ночи.

Согласно некоторым атеистическим данным, текущий радиус Вселенной ($R = 10^{28}$ см, [81],стр.21) меньше, чем ее критический радиус ($R_{cr} = 4 \cdot 10^{28}$ см, [61] стр.71). Если бы эти данные были верны и если бы материя была несотворимой, Вселенная в настоящее время должна была бы сжиматься, хотя факты говорят об обратном. Однако согласно другим данным ([61], стр. 52), критическая плотность Вселенной превышает ее среднюю плотность в 10 и более раз, вследствие чего расширение Вселенной возможно.

По нашим предварительным оценкам, полученным в результате анализа опубликованных материлов, средняя плотность, текущий радиус, нынешние объем и масса Вселенной, соответственно, равны: $p = 2 \cdot 10^{-33}$ кг/см^3, $R = 1094 \cdot 10^{20}$ км, $V = 5,48 \cdot 10^{69}$ км^3 и $M = p \cdot V = 11 \cdot 10^{51}$ кг. Если бы материя была несотворимой ($M = const$), то критический радиус и критическая плотность, вычисляемые по формулам (21), оставались бы постоянными величинами навсегда: $R_{cr} = 163 \cdot 10^{20}$ км и $p_{cr} = 610 \cdot 10^{-33}$ кг/см^3. Такого рода критический радиус меньше нынешнего радиуса Вселенной в 6,7 раза, а такого рода критическая плотность Вселенной превышает ее среднюю плотность в 305 раз.

Согласно этим данным, если бы материя была несотворимой, то первые полтора миллиарда лет своего существования Вселенная не только не могла бы расширяться, а должна была бы неизбежно коллапсировать до тех пор, пока полностью не исчезнет в своей собственной черной дыре. Но тогда не было бы не только нынешнего расширения, но и никакой Вселенной вообще. Однако факт налицо: Вселенная не только существует, но и расширяется. Это недвусмысленно означает, что Вселенная еще никогда в прошлом не находилась в критическом состоянии внутри сферы Шварцшильда, ибо в противном случае она никогда не смогла бы выбраться из этого состояния. Если бы это было не так, то Вселенная сразу же исчезла бы в своей собственной черной дыре и ни в коем случае не стала бы расширяться.

Но означает ли это, что физической Вселенной предстоит якобы вечное расширение?

Атеизм торжественно провозглашает материю несотворимой и неуничтожимой. На этом основании некоторые атеисты полагают, что плотность расширяющейся Вселенной непрерывно убывает и Вселенной предстоит якобы вечное расширение, см. например ([61], стр.52,158) . Здесь делается явная попытка возродить на новой научной базе старую атеистическую басню о "вечности" Вселенной. Но при этом атеисту приходится "забывать" не только диалектический закон перехода количества в качество, но и то, с чего он начал.

А начал он с того, что Вселенная стала расширяться из "точки", которая якобы обладала "бесконечной или чрезвычайно большой плотностью", во много раз превышавшей критическую. Как же при такой большой плотности могла расширяться новорожденная Вселенная? Если бы материя была несотворимой, то плотность первобытной Вселенной была бы во много раз больше критической плотности. Например, когда радиус Вселенной был равен 10^{-13} см, ее плотность ($p = 2{,}63 \cdot 10^{90}$ кг/см^3) превышала бы критическую ($p_{cr} = 6 \cdot 10^{-31}$ кг/см^3) в $4{,}3 \cdot 10^{120}$ раза.

А если бы плотность новорожденной Вселенной была во много раз больше критической, то она никогда не стала бы расширяться. Более того, она исчезла бы в черной космической дыре сразу же после своего рождения. Однако факт налицо: Вселенная родилась и начала расширяться от точки. Следовательно, плотность новорожденной Вселенной никогда не была выше критической. А если плотность новорожденной Вселенной не была столь большой, то это недвусмысленно означает, что материя создавалась из ничего в процессе расширения Вселенной. А если материя сотворима, то расширение Вселенной не обязано сопровождаться уменьшением ее плотности. Если плотность расширяющейся Вселенной не будет уменьшаться непрерывно и беспредельно, то никакого **вечного** расширения Вселенной не будет.

Атеизм утверждает, что с расширением Вселенной ее средняя плотность непрерывно уменьшается, и по этой причине ей предстоит якобы вечное расширение. Однако мы знаем, что расширение физического тела зависит не только от условий (21), не только от плотности или радиуса, но и от многих других факторов. Ведь не расширяется же Земля по той причине, что критическая плотность в $364 \cdot 10^{24}$ раз превышает ее действительную плотность.

Если бы атеизм был прав, то наша Земля расширялась бы сейчас с колоссальной скоростью... Не только Земля, но и мы сами, наши тела, ядра всех атомов, Солнце, все звезды и вся материя в целом (кроме черных дыр!) — находились бы в состоянии **вечного** расширения. Однако в объективной действительности этого вовсе не происходит. Так атеизм окончательно запутался в своих собственных противоречиях, тщетно ищет выхода, но не находит. Один из ученых атеистов, Роман Подольный, на стр. 80 своей книги "Нечто по имени ничто" пытается выбраться из такого рода атеистических противоречий примерно следующим образом:

"При определенном, сравнительно малом значении средней плотности материи во Вселенной расширение ее должно оказываться бесконечным. Однако значительная часть физиков, работающих в данной области, полагает, что реальная плотность материи в нашем мире больше этой величины, и на смену расширению неизбежно придет сжатие — гравитационный коллапс нашей системы мира".

Согласно закону перехода количества в качество, размеры Вселенной не могут расти до фантастической бесконечности без ее качественного изменения. Кроме того, согласно закону отрицания отрицания, расширение Вселенной рано или поздно должно перейти в свою диалектическую противоположность — сжатие. Поэтому должно существовать конкретное значение наибольшего радиуса физической Вселенной, при котором качество расширения переходит в качество сжатия.

Таким образом, атеистическая басня о вечном

расширении Вселенной прежде всего в корне противоречит тем самым законам диалектики, на которых держится сам атеизм, а именно: закону перехода количества в качество и закону отрицания отрицания. Сказать, что расширение Вселенной никогда не перейдет в ее сжатие - это все равно, что отказаться от законов диалектики. Но тогда диалектический материализм перестает быть диалектическим, а научный атеизм перестает быть научным. В любом случае победа остается за научной религией. Поэтому более прогрессивным атеистам приходится отказаться от атеистической басни о "вечном" расширении Вселенной.

Один из ученых атеистов, проф. В.С.Барашенков, по этому поводу пишет следующее:

"Знаменитый немецкий философ Гегель назвал неограниченно развертывающийся процесс, в котором нет качественных изменений, "дурной бесконечностью". Едва ли нашему миру уготована такая судьба... В начале был Большой взрыв, в конце — Большое сжатие".

Таким образом, можно считать общепризнанным, что никакого **вечного расширения физической Вселенной не будет**.

Однако атеизм не может существовать без фантастических понятий — таких, как "вечность" и "бесконечность" материи. Поэтому он, отказываясь от старой басни о "вечном" расширении, рассказывает нам новую басню о вечно осциллирующей или вечно пульсирующей Вселенной.

Если непрерывные колебания (то есть расширения и сжатия) вселенной повторяются многократно — от нуля до критических размеров, — то такую вселенную называют **осциллирующей**. Если колебания (то есть расширения и сжатия) вселенной протекают с перерывами и повторяются многократно между конечными размерами (большими нуля и меньшими критических размеров), то такую вселенную принято называть **пульсирующей**. В связи с этим возникает вполне уместный вопрос: возможно ли **вечное** существование пульсирующей или осциллирующей вселенной?

Если бы Вселенная однажды сжалась до сверхкритической плотности, то ничто ее не спасло бы от неизбежной гибели. Коллапсирующая Вселенная должна исчезнуть до конца, не оставив после себя ничего материального. Так что о дальнейшем ее расширении не может быть и речи. Естественными науками (радиоастрономией и астрофизикой) достоверно установлено, что наша Вселенная не можт быть вечно пульсирующей. И.С.Шкловский убедительно показал, что вечная пульсация Вселенной была бы невозможной даже в том случае, если материя была бы несотворимой и неуничтожимой ([90], стр.92-93) . Он пишет:

"... Если пульсации Вселенной в прошлом и имели место, число их можно пересчитать по пальцам одной руки" ([90], стр.92) .

"Простое повторение циклов по существу исключает развитие Вселенной в целом, что философски совершенно неприемлемо. И уж если Вселенная когда-то "взрывалась" и стала расширяться — не проще ли считать, что это было один раз" ([90], стр.93) .

Атеистическая басня о вечно осциллирующей Вселенной настолько фантастична, что даже самим ученым атеистам приходится возражать против нее следующим образом ([61]стр.160):

"С учетом роста энтропии осциллирующая модель Вселенной не позволяет описать вечное существование Вселенной. Теория осциллирующей Вселенной не достигает цели, стоящей перед этой теорией, - дать описание вечной Вселенной".

Неплохое признание того, как ученому атеисту приходится подгонять науку под атеистические догмы!!!

Если единственным средством для существования того или иного ученого является заработная плата, которую он получает от лидеров атеизма, то ему приходится извлекать свои научные выводы из заведомо неверной исходной предпосылки о "несотворимости" материи. Если ученые атеистического Востока представляют собой внушительную часть всех ученых, занятых данной проблемой, то западным ученым приходится работать с оглядкой: не назовут ли их восточные коллеги, мягко выражаясь, "чудаками" за научно-религиозные выводы.

В поисках фантастической модели "вечной" Вселенной, атеизм мечется между теориями стационарной и эволюционной Вселенной, откладывая на них обеих свой отпечаток. В результате обе теории оказываются закованными в атеистические цепи, вследствие чего заходят в научные тупики. **Таким образом, атеизм стал всесильным тормозом для дальнейшего развития естественных наук — таких, как физика и астрономия.**

Бесконечно большая плотность нулевой точки коллапсирующей Вселенной является не научным фактом, а всего лишь антинаучной небылицей, которую атеизм выдумал с целью отрицания религии.

28
БЕСКОНЕЧНО БОЛЬШАЯ ПЛОТНОСТЬ НУЛЕВОЙ ТОЧКИ

Реальное небесное тело (звезда или галактика) не может превратиться в сингулярность Шварцшильда.

Бен Бова ([13], стр.219)

1. С чего начинается расширение Вселенной?

Ученые (даже атеисты!) единодушно признают, что расширение Вселенной началось с так называемого "Большого взрыва" (Big bang). Но с чего начался сам Большой взрыв: с нулевого пункта или с "бесконечно большой плотности"?

"Научный" атеизм безосновательно предполагает, что "Большой взрыв" начался якобы с "бесконечно большой плотности нулевого объема" первобытной Вселенной.

На этом основании он пытается спрятаться за ширмой "полной неприемлемости обычных понятий и законов физики" при рассмотрении первобытной Вселенной, якобы обладавшей чрезвычайно или даже бесконечно большой плотностью. Так ли это на самом деле? Что говорит об этом объективная наука?

В отличие от лженаучного атеизма, мы не пытаемся скрываться за таинственной ширмой "бессилия науки". Напротив, нашей целью является научный поиск объективной истины, не зависящей от желания тех или иных людей. Поэтому именно на научной основе мы должны прежде всего решить следующие вопросы:

1) Была ли первобытная Вселенная вещественной "каплей" со "сверхъядерной плотностью"? И вообще может ли физически в нулевом объеме разместиться бесконечная плотность?

2) В самом ли деле классическая или даже релятивистская физика настолько бессильна, что всякие рассуждения о начале мира являются ненаучными?

Бесконечная плотность нулевой точки - это абстрактная, то есть воображаемая, но практически невозможная категория, которую атеизм пытается использовать во имя спасения фантастической басни о "несотворимости и неуничтожимости" материи.

Из условия (см. формулу 16 на стр.221 книги [23]):

$$M \leq \frac{R \cdot c^2}{2 \cdot G}, \qquad (37)$$

при котором расширение возможно, следует, что если размеры первобытной Вселенной были нулевыми ($R = 0$) или чрезвычайно малыми, то ее положительная масса была обязана быть также нулевой ($M = 0$) или чрезвычайно малой. В противном случае первобытная Вселенная не смогла бы расширяться. И если все-таки факт расширения является твердо установленным, то это недвусмысленно указывает на то, что плотность первобытной Вселенной была небольшой.

Из первой формулы (21) видно, что если бы в первобытном "космическом яйце" или "точке" была заложена бесконечно большая масса M, то гравитационный (критический) радиус этого "яйца" был бы также бесконечно большим и превышал бы его действительные размеры в бесконечное количество раз. С ростом массы или с уменьшением радиуса (то есть с ростом плотности) катастрофа приближается, а вовсе не удаляется.

В 18-ой главе мы уже привели научные данные о том, что если масса физического тела превышает **удвоенную массу** нашего **Солнца** и если его плотность выше плотности атомного ядра, то в природе не существует сил, способных остановить его катастрофическое гравитационное сжатие, которое будет происходить до тех пор, пока оно полностью не исчезнет в черной космической дыре. Теоретически доказано, что возможность расширения такого тела полностью исключается.

Поэтому если бы масса и плотность Вселенной малого объема были бесконечно или даже чрезвычайно большими, то ее расширение оказалось бы совершенно невозможным. Такая первобытная Вселенная неизбежно исчезла бы в своей черной космической дыре вместо того, чтобы расширяться. Расширение нулевой точки с бесконечно большой плотностью оказалось бы невозможным тем более.

Однако факт расширения Вселенной налицо. Следовательно, первоначальная масса Вселенной не превышала удвоенную массу нашего Солнца, а ее средняя плотность никогда не была сверхъядерной. О бесконечной плотности нулевого объема не может быть и речи. Это в свою очередь означает, что законы классической и релятивистской физики вполне приемлемы для научного анализа новорожденной Вселенной. Конечно, время имеет совершенно иной смысл в мире объективных идей, но в нашем мире материальной относительности мы всегда можем спросить: а что же было раньше?

Если бы материя была несотворимой и неуничтожимой, как это утверждают атеисты, то в нулевом или в чрезвычайно малом объеме первобытной Вселенной была бы сосредоточена масса всех нынешних звезд и галактик, которая превышала бы массу нашего Солнца не в два раза, а более чем в 10^{21} раз.

Поэтому если бы материя была несотворимой и если бы новорожденная Вселенная была веществом, спрессованным в небольшом объеме до сверхъядерной плотности, то расширение первобытной Вселенной оказалось бы невозможным.

Мало того, такого рода сверхплотная первобытная Вселенная должна была бы неизбежно сжиматься до тех пор, пока полностью не исчезнет в своей собственной "черной дыре", не оставив после себя ничего материального, даже чистой энергии, см. ([23], стр. 221-230). В природе не существует физических сил, которые смогли бы предотвратить такого рода катастрофическое исчезновение Вселенной. Расширение нулевой точки с бесконечно большой плотностью оказалось бы невозможным тем более.

Утверждать, что материя несотворима и одновременно сознавать факт расширения Вселенной - это в конечном счете все равно, что "загнать" всю Вселенную, включая нашу Землю, Солнце, все звезды и все галактики, в одну первобытную точку с нулевым объемом. Такие небылицы даже в сказках не рассказывают. О них можно услышать только лишь в атеистической "науке".

В самом деле, всякая сказка ограничивается

тем, что большого волшебника загоняют в маленькую бутылку. Но ни один сказочник не может позволить себе фантазию вроде той, чтобы загнать "бесконечную массу в нулевую точку". А атеизм позволяет себе не только рассказывать людям такие небылицы, но и называть эти небылицы "научными". И делается все это в то время, когда религия свои научные истины скромно называет "верой".

Отсюда мы делаем научный вывод о том, что **материя сотворима**, что Вселенная родилась и стала расширяться от идеального нуля, из нулевой точки, которая не обладала никакими физическими размерами, никаким физическим объемом, никакой физической энергией, никакой массой, никаким весом, никакой плотностью и никакими материальными атрибутами вообще.

2. Новорожденная Вселенная не могла быть вещественной.

Итак, новорожденная Вселенная не представляла собой "каплю сверхъядерной плотности", и поэтому к ней применимы законы релятивистской и даже классической физики. Но тогда возникает вполне уместный вопрос: а была ли новорожденная Вселенная вещественной вообще? То есть, содержала ли она в себе какое-либо вещество, обладающее массой покоя?

Современная физика придерживается мнения, что во Вселенной содержится одинаковое количество вещества и антивещества. Вещество и антивещество являются такими же противоположностями, как электрон и позитрон, которые не могут существовать друг без друга. Известно также и то, что если вещество встретится с антивеществом, то произойдет их полная и взаимная аннигиляция, то есть они исчезнут и полностью превратяться в чистую энергию, не обладающую никакими атрибутами вещества, см., например, публикации ([13], стр.207) или ([70], стр.258-260).

Поэтому если бы первобытная Вселенная состояла из некоторого количества вещества, то она должна была бы содержать в себе такое же количество антивещества. Но тогда вещество и антивещество, заключенные в чрезвычайно малом объеме, не смогли бы избежать смертельной встречи, при которой произошла бы их полная аннигиляция, сопровождаемая их превращением в чистую энергию. Это значит, что первоначальная Вселенная, сосредоточенная в нулевой точке или даже в небольшом объеме, не могла бы существовать в виде "спресованной" совокупности вещества и антивещества, как это представляют атеисты. Отсюда мы делаем научный вывод о том, что новорожденная Вселенная не была вещественной, то есть она не обладала никакими атрибутами вещества, а ее масса покоя была равна нулю. Но тогда возникает вполне естественный вопрос: что же собой представляла новорожденная Вселенная и из чего она состояла?

3. Новорожденная Вселенная была невесомой энергией.

Первоначальное время, определявшее возраст Вселенной в первое мгновение ее существования, было равно нулю для любого внутреннего наблюдателя (воображаемого или объективного): $t_0 = 0$. Однако для внешнего наблюдателя Вселенная

234

родилась по истечении некоторого, не равного нулю, времени: **t ≠ 0**. Из специальной теории относительности следует, что такое сочетание времени возможно только лишь при световых скоростях.

Поэтому в момент рождения Вселенной все ее элементы двигались относительно друг друга со скоростями, равными скорости света. С такой скоростью могут двигаться только лишь такие материальные элементы, у которых масса покоя равна нулю, например фотоны.

Если мы говорим о первобытной точке с нулевым объемом, то основная ошибка атеизма здесь заключается в том, что он "забывает" об отрицательной энергии пространственного вакуума в то время, когда пытается "загнать" в нулевой объем всю положительную энергию звезд и галактик.

Если энергия считается атеистами несотворимой и если поэтому все нынешние звезды и галактики "загоняются" ими в нулевой объем первобытной Вселенной, то по той же причине, в той же мере и в тот же самый нулевой объем атеисты обязаны "загнать" и мировые запасы отрицательной энергии вакуумного пространства нынешней Вселенной (иначе, куда бы мог исчезнуть гигантский океан отрицательной энергии нынешнего вакуумного пространства Вселенной?)! Однако если бы точка, объем которой равен идеальному нулю, сосредоточила в себе указанную сумму положительной и отрицательной энергии, то произошла бы их взаимная и полная аннигиляция, сопровождаемая их полным исчезновением без всякокого превращения во что бы то ни было материальное.

Но при таких условиях оказалось бы совершенно невозможным не только дальнейшее расширение, но и рождение Вселенной вообще. Однако факт рождения и дальнейшего расширения Вселенной налицо. Отсюда мы делаем научный вывод о том, что в тот миг, когда Вселенная уже была обязана родиться, но еще не родилась, Вселенная представляла собой идеальную точку, не содержащую в себе никаких материальных атрибутов, даже энергии! Это значит, что Вселенная родилась из идеальной точки, которую мы называем **первой белой космической дырой**. В белой космической дыре, как мы уже знаем, рождается нулевая сумма положительной и отрицательной энергии.

Однако, как уже было сказано, если бы размеры Вселенной продолжали оставаться нулевыми, то произошла бы аннигиляция положительной и отрицательной энергии, а рождение Вселенной оказалось бы невозможным. Поэтому совершенно необходимым условием рождения Вселенной из идеальной точки является энергетический барьер, который в состоянии предотвратить аннигиляцию положительной и отрицательной энергии. Энергетический барьер не является какой-либо физической пленкой, стеной или забором. Он не обладает никаким физическим телом. Он является невесомым и незримым точно так же, как, например, вакуум. Он не содержит в себе никакой энергии так же, как континуум времени или смысловое содержание законов природы.

Мы не имеем наглядной модели энергетического барьера, но мы знаем, что он реально существует, потому что он действительно предотвращает слияние и аннигиляцию положительной и отрицательной энергии до тех пор, пока плотность массы не превысит критических размеров. **Энергетическим барьером** мы называем объективную реальность, которая разделяет отрицательную энергию от положительной энергии и предотвращает их совместную аннигиляцию (исчезновение). Такой барьер может возникнуть только лишь с расширением физического пространства из нулевой точки. Вот почему по мере рождения в белой космической дыре положительной и отрицательной энергии одна из этих двух форм энергии должна превратиться в энергетический океан невесомого и незримого пространственного вакуума.

4. С чего началось и чем закончится существование Вселенной?

На основании всего изложенного выше невозможность существования "бесконечно большой плотности" физической Вселенной мы можем сформулировать следущим образом:

1. Сжатие физического тела до нулевого объема с бесконечно большой плотностью не представляется возможным вообще. Вселенная когда-то действительно имела нулевой объем, но она никогда не обладала бесконечно большой плотностью.

2. Если бы плотность Вселенной когда-то была больше критической, то она сжималась до полного исчезновения и никогда не расширялась. Рождение и дальнейшее расширение физической вселенной

возможно только лишь в белой космической дырке из ничего, из идеальной точки, в которой нет никаких материальных атрибутов, даже физической энергии. Она рождается и расширяется в форме положительной и отрицательной энергии, алгебраическая сумма которых равна идеальному нулю.

3. И наоборот, коллапсирующая вселенная обязана исчезнуть полностью в черной космической дырке, не оставив после себя ничего материального, даже физической энергии. Она должна превратиться в точку, все материальные атрибуты которой равны идеальному нулю.

4. Первобытная Вселенная не могла быть вещественной, ибо концентрация вещества и электроантивещества всей Вселенной в чрезвычайно малом объеме привела бы их к аннигиляции, вследствие чего вещество и антивещество полностью и неизбежно превратились бы в чистую и невесомую энергию. Если бы энергия была несотворимой, то концентрация всей положительной и отрицательной энергии в чрезвычайно малом объеме первобытной Вселенной привела бы их к полному исчезновению без всякого превращения во что бы то ни было материальное.

5. Если бы материя была несотворимой и неуничтожимой, как это утверждают атеисты, то в нулевом или в чрезвычайно малом объеме первобытной Вселенной была бы сосредоточена масса всех нынешних звезд и галактик, которая превышала бы массу нашего Солнца не в два раза, а более чем в 10^{21} раз. Поэтому если бы материя была несотворимой и если бы новорожденная Вселенная была веществом, спресованным в небольшом

объеме до сверхъядерной плотности, то Вселенная неизбежно исчезла бы в своей собственной черной космической дыре сразу же после своего рождения и никогда не смогла бы расширяться. Однако факт налицо: Вселенная начала расширяться от точки и достигла ныне гигантских размеров. Следовательно, новорожденная Вселенная была невещественной энергетической категорией, в которой энергия создавалась шаг за шагом по мере ее расширения.

5. Сила науки и бессилие атеизма.

Но вот теперь рухнули и новые басни атеизма о "бесконечной плотности нулевого объема" новорожденной Вселенной. Теперь атеизм не имеет возможности сослаться даже на "неприемлемость" научных законов потому, что первобытная Вселенная вовсе не обладала никакой сверхъядерной плотностью. Но что же может атеизм противопоставить неопровержимым научным фактам теперь? Ничего, кроме собственного желания! Теперь у атеизма есть только лишь один достойный выход из положения — подписать безоговорочную капитуляцию перед религией с честью примерно следующим образом: "Основным атрибутом Вселенной, с точки зрения философии диалектического материализма, является ее объективное существование и познаваемость. Нелепо связывать судьбу этой философии с каким-нибудь конкретным свойством Вселенной, например свойством конечности и бесконечности ([90], стр.100).

Итак, "диалектический" материализм не ссылается более на фантастические понятия бесконечности, безграничности и вечности Вселенной. Он всего лишь претендует на признание объективного существования и относительной познаваемости Вселенной. Но это как раз и есть, по сути дела, содержание объективного идеализма. Да и сама религия никогда не отрицала факт существования Вселенной и ее относительную познаваемость. Религия всегда утверждала, что Вселенная сотворена Богом, то есть она утверждала и утверждает, что Вселенная ныне существует, но в далеком прошлом ее не было. Проще говоря, Вселенная существует объективно, но не вечно.

Это значит, что современные естественные науки привели диалектический материализм к объективному идеализму, а атеизм - к религии. Именно по этой причине еще при жизни следовало бы воздвигнуть золотой памятник великому ученому-атеисту И.С.Шкловскому, который на свой страх и риск нашел в себе мужество и силы впервые публично подписать перед научной религией безоговорочную капитуляцию, хотя формально сделал он это во имя спасения марксистской философии от неизбежного научного краха.

Из сказанного следует, что естественные науки (такие, как физика и астрофизика) **уже** к 1975 году в бывшем Советском Союзе были **"беременны"** религиозной революцией, хотя коммунистические лидеры **не были еще готовы** принять эти роды, ибо у коммунизма все еще не было более надежного слуги, чем безнадежный атеизм. Поэтому им приходилось тщательно скрывать от народа такие данные естественных наук, которые убеждают нас в несостоятельности атеизма. Тем не менее, всего через 17 лет мощная Коммунистическая Империя, потерявшая свою идеологию, рухнула. А атеизм все еще продолжает существовать по инерции. Но шило в мешке не утаишь, а данные науки вечно не скроешь от народов. Рано или поздно истина   восторжествует и ученые атеисты единодушно придут к религии.

29
РОЖДЕНИЕ И ГИБЕЛЬ
ФИЗИЧЕСКОЙ ВСЕЛЕННОЙ
([24],стр.158-162), ([23], стр.220-230)

> Рождаются, живут и умирают
> не только галактики, но и вся физи-
> ческая Вселенная.
>
> Исай Давыдов

1. Рождение Вселенной.

Итак, современная наука вплотную подходит к изучению момента рождения Вселенной, а именно к изучению того момента, когда Вселенная представляла собой нематериальную точку с идеальной программой колоссального развития. Масса, энергия, пространство, все размеры и все материальные атрибуты Вселенной в этот первоначальный момент времени были равны идеальному нулю.

Примерно 12 миллиардов лет тому назад одна из нулевых точек Идеального Мира была снабжена законами будущей природы, полный свод которых представляет собой идеальную программу рождения и всего дальнейшего развития физической Вселенной. Согласно этой программе в этой точке в качестве "первоначального толчка" возникла элементарная энергоантичастица с чрезвычайно малой массой покоя. Эта античастица сделала состояние идеальной точки неустойчивым и "взорвалась", см. главу 15 "Рождение и гибель физической энергии". Тем самым она стала источником колоссального (сколь угодно большого) количества положительной и отрицательной энергии. Такую идеальную точку, в которой непрерывно и одновременно из ничего рождается одинаковое количество положительной и отрицательной энергии мы называем **белой космической дыркой.**

Таким образом, появление элементарной энергоантичастицы в идеальной точке может служить "первоначальным толчком" при сотворении физической вселенной из ничего. Совершенно аналогично появление элементарной частицы в идеальной точке может служить "первоначальным толчком" при сотворении антивселенной из ничего.

В самом деле, сколь угодно малый объем вакуумного пространства, не содержащего в себе никакой положительной энергии, имеет плотность, равную нулю. Здесь отрицательная энергия вакуума не уравновешена положительной энергией. Вследствие такого рода нарушения равновесия при нулевой плотности открывается белая космическая дыра, и в этот сколь угодно малый объем врывается поток положительной энергии, а вместе с ним и эквивалентный поток отрицательной энергии, расширяющий пределы физического пространства.

Вот появился первый антифотон и образовал элементарное пространство с невообразимо малым количеством отрицательной энергии. Одновременно появляется первый фотон со столь же невообразимо малым количеством положительной энергии. Стоило родиться сколь угодно малому объему пространственного вакуума, как небытие Вселенной становится невозможным.

Низкая плотность соответствует рождению, чрезвычайно высокая плотность - аннигиляции. Поэтому белые дыры открываются при нулевой плотности и закрываются при плотности насыщения вакуума фотонами. Вещество коллапсирует при критической плотности и исчезает в черной космической дыре при предельной плотности.

Положительная энергия фотонов непрерывно возрастает при одновременном и эквивалентном возрастании отрицательной энергии антифотонов. По мере увеличения количества отрицательной энергии размеры пространства растут во все стороны со скоростью света. Фотоны разлетаются в этом растущем пространстве во все стороны также со скоростью света: с = 299 792 км/сек. Для чистой энергии любая другая скорость движения совершенно неприемлема. Поэтому первобытная (чисто энергетическая) Вселенная не могла наращивать скорость своего расширения постепенно от нуля до световой скорости. Минуя этот интервал полностью, она начала свое расширение со световой скоростью с самого начала, сразу же, мгновенно.

Рождение колоссального количества чистой и невесомой энергии из первой белой космической дыры, которое началось внезапно и сразу же с такой колоссальной скоростью, как скорость света, принято называть "**большим взрывом**" (биг банг).

В какой бы мере ни возрастали арифметические величины положительной и отрицательной энергии в отдельности, их алгебраическая сумма всегда оставалась и остается постоянной и равной нулю в полном соответствии с законом сохранения энергии. Это значит, что первобытная Вселенная состояла из отрицательной энергии вакуумного пространства и положительной энергии фотонов.

Но положительная энергия фотонов ("свет") отделилась от отрицательной энергии вакуумного пространства ("тьмы") в том смысле, что их совместная аннигиляция (слияние или исчезновение) стала невозможной вплоть до наступления так называемого **гравитационного коллапса** с образованием черных космических дыр, в которых через десятки миллиардов лет произойдет совместное исчезновение положительной энергии фотонов и отрицательной энергии вакуумного пространства.

Так родилась и начала расширяться Вселенная, как нулевая сумма непрерывно растущих энергетических противоположностей.

Таким образом, новорожденная Вселенная в первые мгновения своего развития представляла собой нулевую сумму положительной и отрицательной энергии, хотя она и не содержала в себе никакого вещества. По меткому выражению академика Я.Б.Зельдовича, в самый ранний период своего бытия Вселенная представляла собой "лабораторию высоких энергий и высоких температур" ([52], стр.151).

2. Гибель Вселенной.

Согласно основному закону природы, ничто физическое невозможно без своей противоположности. Следовательно, рождение физической Вселенной невозможно без ее гибели так же, как расширение без сжатия. Величину максимального радиуса Вселенной мы можем определить при помощи уравнения (34). После этого начнется сжатие Вселенной до тех пор, пока она бесследно не исчезнет в своей черной космической дырке. Таким образом, можно считать научно доказанным, что никакой **вечной физической Вселенной нет.**

Положительная масса Вселенной на протяжении всей ее жизни непрерывно меняется: увеличивается или уменьшается. Одновременно и в той же мере изменяется и ее отрицательная масса. Однако алгебраическая сумма полной массы Вселенной всегда сохраняется постоянной и равной идеальному нулю величиной. Поэтому физическая Вселенная существует только лишь для нас, ее внутренних обитателей. Для Идеального Мира она представляет собой всего-навсего "мерцающую точку", все физические атрибуты которой равны идеальному нулю. А жизнь в физической Вселенной для обитателей Идеального Мира (в частности, для наших душ) является всего-навсего "коллективным сновидением".

На основании всего изложенного выше закон рождения и гибели физической Вселенной мы можем сформулировать следующим образом:

1. Наша Вселенная не является ни вечной ни бесконечной: она родилась и стала расширяться не более 12 миллиардов земных лет тому назад от идеального нуля, из нулевой точки, в которой не было ни галактик, ни звезд, ни Солнца, ни Земли, никакой физической энергии и никакой материи вообще. Эту первобытную идеальную точку мы называем первой белой космической дырой. Вселенная продолжает расширяться и поныне. Она имеет сферическую форму, а ее пространственная протяженность в настоящее время не превышает $3 \cdot 10^{23}$ км.

2. Научно доказано и экспериментально подтверждено, что физическая Вселенная не является ни вечной во времени, ни бесконечной по протяженности. Наука начинается там и тогда, где

и когда кончаются атеистические догмы о фантастической "вечности и бесконечности" физической Вселенной.

3. Физическая Вселенная родилась из идеальной точки, не обладавшей ни размерами, ни энергией, ни массой, ни плотностью и никакими материальными атрибутами вообще. Она родилась в виде нулевой суммы положительной и отрицательной энергии из первой белой космической дыры, в которой была заложена идеальная программа рождения и колоссального развития Вселенной. Новорожденная Вселенная в первые мгновения своего бытия представляла собой нулевую сумму положительной и отрицательной энергии. Она не была вещественной, то есть она не обладала никакими атрибутами вещества, а ее масса покоя была равна идеальному нулю.

Вселенные (как звезды и галактики) рождаются, развиваются, стабильно существуют, стареют и умирают.

Рождаются, живут и умирают не только звезды, но и вся физическая Вселенная в целом, которая состоит из несметного множества галактик. Каждая галактика состоит из сотен миллиардов звезд, каждая звезда имеет свои планеты, почти каждая планета имеет свои цивилизации, которые также рождаются, живут и умирают.

А теперь представьте себе, что такая громадная вселенная представляет собой нулевую сумму ненулевых противоположностей. Это значит, что полная масса физической вселенной равна нулю. Поэтому громадная физическая Вселенная в бесконечно большом идеальном пространстве изображается точкой, все размеры которой равны идеальному нулю.

3. Абсолютный Бог - творец Вселенной.

Но тогда возникает другой вопрос: а что же представляла собой Вселенная еще раньше, а именно, в тот исключительный миг, когда она находилась на грани бытия и небытия, то есть, когда Вселенная уже обязана была родиться, но еще не родилась? Ясно, что в тот исключительный миг Вселенная представляла собой точку с нулевыми размерами.

Необходимым и безоговорочным условием рождения и расширения физической Вселенной является прежде всего предварительное наличие в этой нулевой точке законов природы, полный свод которых представляет собой идеальную программу рождения и всего дальнейшего развития Вселенной.

Эти законы дали "**первоначальный толчок свободному**" расширению Вселенной в форме так называемого "Большого взрыва" (Big bang).

Но законы не бывают без законодателя, а программа не бывает без программиста. Творца вышеупомянутых законов природы и вышеупомянутой программы рождения и развития Вселенной мы называем **Абсолютным Богом**.

Действительно, ничто материальное не может родиться само собой, без внешней причины. Ребенок не родится без матери, яйцо не родится без курицы, яблоко не родится без яблони, вещество не родится без энергии... Но какая внешняя сила породила нулевую сумму положительной и отрицательной энергии? Чей гениальный ум предусмотрел энергетический барьер во имя спасения противоположных форм энергии?

Ясно одно, что уже в идеальной точке первой белой космической дыры была заложена колоссальная (но не физическая!) сила, обязывающая Вселенную родиться и развиваться определенным образом. Атеисты называют эту силу законами природы, И.С.Шкловский называет ее "сверхгеном с огромным набором потенциальных возможностей" ([91], стр.14) . Мы называем ее идеальной программой рождения и развития Вселенной.

Идеальной мы ее называем потому, что она была заложена в идеальной точке первой белой космической дыры еще до рождения Вселенной. Программой мы ее называем потому, что смысловое (идеальное) содержание законов природы и есть, по сути дела, программа, определяющая рождение и норму дальнейшего поведения Вселенной.

Но от названия суть дела не меняется, ибо целесообразные законы невозможны без интеллектуального законодателя, а программа развития невозможна без разумного и предусмотрительного программиста. В любом случае первоисточником всего сущего является тот абсолютно совершенный интеллектуал, по законам и по программе которого родилась и развивается Вселенная. Вот этого интеллектуала мы и называем идеальным (нематериальным) Богом. Нематериальным мы его называем потому, что он, будучи творцом Вселенной, находится вне Вселенной, вне Материального Мира и вне материи вообще.

Раздел 4
ФИЗИЧЕСКИЕ И НЕФИЗИЧЕСКИЕ ВСЕЛЕННЫЕ 250-388

30
ДИФФЕРЕНЦИАЛЬНОЕ УРАВНЕНИЕ РАСШИРЕНИЙ И СЖАТИЙ ФИЗИЧЕСКОЙ ВСЕЛЕННОЙ
([23], стр.315-338)

> Развитие астрофизики, и особенно радиоастрономии, в последние годы показало полную несостоятельность концепции пульсирующей между конечными пределами плотности Вселенной.
>
> И.С.Шкловский

Рождение и гибель физической вселенной.

Освободить науку от каких бы то ни было цепей или предрассудков — вот ближайшая задача каждого ученого! В связи с этим мы предлагаем вниманию читателя осциллирующую модель эволюционной Вселенной, освобожденную от антирелигиозных цепей и всех атеистических предрассудков.

Согласно атеистической модели эволюционной Вселенной, ее расширение (или сжатие) зависит только лишь от статического соотношения центробежных и гравитационных сил. Если бы это было так, то нынешнее расширение Вселенной можно было бы объяснить только лишь положительной разностью этих сил. Но если бы центробежные силы стали однажды больше гравитационных, то Вселенная всегда расширялась бы ускоренно. Однако такого рода ускоренное расширение Вселенной невозможно прежде всего, потому что скорость расширения ограничена предельной (световой) скоростью. Кроме того, физикой и астрономией достоверно установлено, что Вселенная расширяется замедленно, а не ускоренно. Следовательно, в процессе расширения Вселенной принимают участие и какие-то другие силы, кроме центробежных и гравитационных.

Эти силы могут быть обусловлены следующими факторами: инерцией, упругими свойствами вакуума, потерями энергии в черных дырах, рождением энергии в белых дырах, взаимосвязью между окружными и радиальными скоростями (36), то есть передачей радиального количества движения окружному или наоборот и т.д.

Пусть на материальную частицу окраины Вселенной действует центробежная сила $m\omega^2 R$. Тогда все остальные силы (известные и неизвестные), действующие на нее в том же направлении, мы можем представить в первом приближении как произведение массы на радиальное ускорение: ma, где "а" есть вторая производная от радиуса R по.времени t. Согласно принципу Даламбера, сумма всех этих сил в динамике расширения или сжатия Вселенной должна быть равна нулю. Разделим эту сумму на величину массы m и окончательно получим:

$$\ddot{R} + \omega^2 R = 0. \qquad (38)$$

Расширение и сжатие Вселенной имеют ту же математическую модель, какую имеют колебательные фазы механического осциллятора. Поэтому мы называем **физическую Вселенную осциллирующей**. Изменение радиуса осциллирующей Вселенной в более точной форме может быть описано следующим дифференциальным уравнением второго порядка:

$$\ddot{R} + b\dot{R} + \omega^2 R = 0, \qquad (39)$$

где b — коэффициент затухания колебаний. Но даже это уравнение описывает изменение радиуса Вселенной только лишь в первом (весьма грубом) приближении. Если научная модель физического пространства Поля Дирака является всего лишь удобным и наглядным представлением сложных физических процессов ([70], стр.267), то наша научная модель **осциллирующей вселенной** является таким же удобным и наглядным представлением недоступного нашему воображению процесса сотворения, развития и гибели физической вселенной.

Для определения постоянных интегрирования мы имеем следующие начальные условия: если $t = 0$, то $R = 0$ и $\dot{R} = c$. С учетом этих начальных условий, а также уравнений (32) - (35), дифференциальное уравнение (38) имеет следующее решение:

$$R = (c/\omega) \cdot \sin(\omega t) = R_{max} \cdot \sin(\omega t),$$

$$\dot{R} = c \cdot \cos(\omega t) = R_{max} \cdot \omega \cdot \cos(\omega t),$$

$$\ddot{R} = - c \cdot \omega \cdot \sin(\omega t) = - (c^2/R_{max}) \cdot \sin(\omega t), \qquad (40)$$

$$Te = 1{,}5707 \cdot (R_{max}/c) = 1{,}5707/\omega,$$

где $c = \omega \cdot R_{max}$ - скорость света в вакууме, см. формулу (33).

Из сравнения уравнений (36) и (40) видно, что соотношение между окружной и радиальной скоростями движения материи на границе Вселенной зависит от угла поворота Вселенной ω𝑡 вокруг своей собственной оси.

Подставим значение ω из (35) в последнее выражение (40) и найдем T_e в секундах. Разделим полученное выражение на число секунд в одном году (31 557 600) и найдем значение периода расширения Вселенной, выраженное в земных годах:

$$Te = 66,6 : \sqrt{p}, \text{ лет.} \qquad (41)$$

Обычно период разрушения системы короче, чем период ее развития. Но расширение Вселенной происходит с максимально возможной скоростью. Поэтому период сжатия Вселенной будет равен периоду ее расширения.

Итак, такие характеристики Вселенной, как наибольший радиус, угловая скорость вращения, период расширения и сжатия - однозначно зависят от ее средней плотности p. Если $p = 2 \cdot 10^{-18}$ кг/км³, то подставив это число в уравнения (34), (35) и (41), соответственно найдем: максимально возможный радиус Вселенной $R_{max} = 2,828 \cdot 10^{23}$ км, постоянную величину угловой скорости вращения Вселенной $\omega = 1,058 \cdot 10^{-18}$ сек⁻¹ и период расширения Вселенной T_e, равный периоду сжатия Вселенной $T_{сж} = 48$ млрд земных лет.

Тогда возникает естественный вопрс: если средняя плотность является постоянной величиной, то не означает ли это, что Вселенной предстоит якобы неограниченное расширение?

Нет, не означает! Не означает потому, что расширение и сжатие Вселенной зависят не от самого значения ее средней плотности, а зависят от отношения этой плотности к критической. Чем меньше это отношение, тем быстрее Вселенная расширяется. Из формулы (24) видно, что критическая плотность с расширением Вселенной уменьшается. Поэтому в далеком будущем должен наступить момент, когда критическая плотность снизится до такой степени, что станет равной средней плотности Вселенной. При этом настанет тот миг, когда Вселенная **уже** перестанет расширяться, но **еще** не начнет сжиматься.

С увеличением радиуса Вселенной R от нуля до R_{Max} ее критический радиус R_{cr} также растет от нуля до R_{Max}, см. формулы (22) и (24). Тем не менее на протяжении всего периода расширения критический радиус всегда остается меньше текущего радиуса Вселенной: $R_{cr} < R_g = R$. Они выравниваются лишь тогда, когда критическая плотность снизится и станет равной средней плотности Вселенной: $p_{cr} = p_g = p$.

В первые мгновения существования Вселенной еще не было никаких черных дыр, а энергия рождалась в белой космической дыре в условиях, когда отношение средней плотности к критической плотности было чрезвычайно малой величиной, близкой к нулю. Поэтому новорожденная Вселенная расширялась с максимально возможной (световой) скоростью. Ныне во Вселенной имеются не только белые, но и черные космические дыры. Поэтому темп расширения Вселенной несколько снизился.

По мере увеличения радиуса Вселенной от нуля до максимально возможного значения, определяемого формулой (34), ее критическая плотность будет приближаться к средней плотности **p**. Вследствие этого расширение Вселенной неизбежно накапливает погрешность в виде черных космических дыр, которые "съедают" часть энергии, производимой белыми дырами. Поэтому со временем количество черных космических дыр возрастает, а общая энергопроизводительность всех космических дыр уменьшается, так что темп расширения Вселенной неуклонно снижается.

В какой-то момент времени энергопроизводительность белых космических дыр (если они еще не закрылись полностью!) станет равной потерям энергии в черных дырах. Тогда Вселенная уже перестанет расширяться, хотя еще не начнет сжиматься. Такого рода равновесие может наступить не только тогда, когда критическая плотность Вселенной станет равной ее средней плотности, но также до, а не после этого, если прекратить подачу энергии извне. **Если средняя плотность окажется равной или большей, чем критическая плотность, то Вселенная физически не сможет производить энергии в белых дырах больше, чем ее съедают черные дыры, так как белые дыры при этом не смогут открываться вообще.**

Теперь согласно уравнениям (38) и (40) мы снова и твердо можем ответить на поставленный ранее вопрос: **никакого вечного расширения Вселенной не будет! Когда-то (по нашим предварительным расчетам, примерно через 36 млрд земных лет) расширение нашей физической Вселенной обязательно прекратится.**

Но что произойдет дальше?

Если согласно первым двум формулам (33), в процессе расширения с ростом R от нуля до R_{max} экваториальная скорость Вселенной **v** возрастает пропорционально радиусу от нуля до скорости света с, то согласно второй формуле (40), изменение радиальной скорости движения материи на периферии Вселенной происходит в обратной пропорции: радиальная скорость расширения Вселенной Ř в начальный момент времени равна скоросоти света (300 000 км/сек), а к концу расширения она постепенно снижается до нуля. .

Если $v = c$, то $R = R_{max}$ и $R = 0$. Начиная с этого момента и позже, белые космические дыры не смогут никогда более открываться, потому что критическая плотность Вселенной стала равна ее средней плотности: $p_{cr} = p_g = p$.

Рождение энергии из ничего прекратится во всей Вселенной раз и навсегда. Величина положительной массы Вселенной достигнет своего предельного (максимально возможного!) значения, сверх которого она ни в коем случае не может возрасти:

$$M = Mmax, \qquad E = Emax = Mmax \cdot c^2. \qquad (42)$$

Такого рода равновесие, когда расширение Вселенной уже прекратилось, а ее сжатие еще не началось, оказывается неустойчивым по той причине, что центробежные силы не могут более стать больше центростремительных сил даже на сколь угодно малую величину. Они могут быть только лишь меньше их. Как только центробежные силы уменьшатся на величину любого порядка малости, галактики начнут двигаться к центру Вселенной. Скорость радиального движения галактик (вещества или любой другой положительной массы) от периферии к центру начнет возрастать от нуля и закончится световой скоростью через количество лет, равное T_e, когда радиус Вселенной станет равным почти нулю. Наоборот: экваториальная скорость Вселенной будет уменьшаться пропорционально радиусу $(v = \omega R)$ от величины световой скорости до нуля.

Таким образом, Вселенная сначала расширяется со скоростью $\dot{R}$, которая снижается по синусоиде от величины световой скорости c до нуля, а затем она сжимается с радиальной скоростью $\dot{R}$, которая изменяется по синусоиде от нуля до -c. Наоборот: экваториальная скорость v на периферии Вселенной меняется также по синусоиде сначала (в период расширения) от нуля до c, а затем (в период сжатия) от c до нуля.

Если в процессе сжатия черные космические дыры будут открываться с запаздыванием, то процесс сжатия может оказаться несимметричным в отношении процесса расширения. Хотя сравнительно небольшое количество энергии будет аннигилировать в локально расположенных черных космических дырах, тоталитарная (то есть всеобщая) аннигиляция энергии во Вселенной в этом случае начнется только лишь в самом конце периода сжатия, а не с самого его начала. Поэтому для упрощенных расчетов периода сжатия в первом приближении мы можем считать всеобщую (тоталитарную) положительную массу Вселенной почти постоянной величиной: $M = M_{max} = \textbf{const}$. Это значит, что в период сжатия текущий радиус ядра Вселенной всегда меньше ее критического радиуса, а текущая плотность ядра Вселенной всегда больше ее средней (а следовательно, и критической!) плотности:

$$R < R_{cr} = Rmax, \quad p_n > p_{cr} = p. \quad (43)$$

Движение галактик от периферии к центру Вселенной начнется с небольшим опережением в сравнении со сжатием вакуумного пространства. С течением времени опережение центростремительного движения галактик и отставание сжатия пространства будут непрерывно возрастать. В результате образуется массивное ядро Вселенной, окаймленное все возрастающим пустым пространством. Если даже плотность этой части пространства станет равной нулю, в ней все равно не откроется ни одной белой космической дыры, потому что критическая плотность всей Вселенной останется равной навсегда ее средней плотности.

Если энергетическое равновесие между белыми и черными космическими дырами наступит при критической плотности, равной или меньшей, чем средняя плотность Вселенной, то под воздействием гравитационных сил все галактики и звездные системы будут неуклонно тянуться к некоторому центру, образуя массивное ядро Вселенной. Это ядро будет сжиматься и уплотняться. С увеличением плотности гравитационные силы будут возрастать. С ростом гравитационных сил сжатие будет усиливаться. Поэтому плотность массивного ядра Вселенной будет непрерывно возрастать, превышая ее критическую плотность все больше и больше.

Это означает, что ядро Вселенной будет сжиматься ускоренно до тех пор, пока скорость радиального сжатия не станет равной световой скорости. Когда плотность массивного ядра окажется равной предельной скорости, начнется тоталитарная (всеобщая) аннигиляция положительной энергии всей Вселенной и отрицательной энергии ее вакуумного пространства, предотвращение которой не представляется возможным вообще. Тогда Вселенная полностью исчезнет в своей собственной черной космической дыре и от нее не останется ничего материального.

Согласно опубликованным данным, величина предельной плотности материи находится в пределах от 10^{88} до 10^{91} кг/см^3, см. ([39]стр.182), ([61]стр.151), ([82]стр.170) и ([91]стр.14). Однако мы полагаем, что она должна быть равна критической плотности наилегчайшей весомой элементарной частицы, известной в физике. Поэтому под **предельной** мы подразумеваем критическую плотность электрона: $p_{\text{мах}}$ = 10^{134} кг/см^3.

Если это так, то тоталитарная аннигиляция нашей Вселенной начнется только лишь тогда, когда ее радиус достигнет размеров: $R^3 = M_{\text{мах}}/(4,1888 \cdot p_{\text{мах}})$ = $(190 \cdot 10^{51})/(4,1888 \cdot 10^{134})$ = $4,536 \cdot 10^{-82}$, то есть $R = 0,77 \cdot 10^{-27}$ км. Это значит, что коллапсирующая Вселенная полностью исчезнет на протяжении последних t = $R/c = (0,77 \cdot 10^{-27})/(300000) = 2,6 \cdot 10^{-33}$ секунд своего существования. Если бы даже предельная плотность была намного ниже: $p_{\text{мах}}$ = $1,667 \cdot 10^{36}$ кг/км^3, то тоталитарное исчезновение (аннигиляция) всей Вселенной длилось бы всего лишь одну последнюю секунду.

Опираясь на современные данные естественных и философских наук, мы можем вкратце сформулировать **научную теорию осциллирующей Вселенной** следующим образом:

Наша физическая Вселенная родилась

примерно 12 миллиардов лет тому назад в белой дыре из ничего по идеальной программе Бога и стала расширяться от идеальной точки, от нуля. Расширение Вселенной будет продолжаться до тех пор, пока ее размеры не достигнут критических пределов. Согласно законам диалектики и физики, в далеком будущем (примерно через 36 миллиардов лет) расширение Вселенной закончится и начнется ее сжатие, которое будет продолжаться до тех пор, пока Вселенная вновь не превратится в идеальную точку и полностью не исчезнет в черной дыре вследствие гравитационного коллапса.

31
ТЕОРИЯ
ОСЦИЛЛИРУЮЩИХ ВСЕЛЕННЫХ
ВЕЧНЫЕ И НЕВЕЧНЫЕ ВСЕЛЕННЫЕ

> Физическая Вселенная, как и
> человек, может оставить после
> своей смерти "потомство".
> Исай Давыдов

1. Фазы осциллирующей вселенной ([23], стр.326-331).
Результаты научных исследований, недвусмысленно убеждают нас в том, что расширения и сжатия вселенной и антивселенной протекают подобно упругим колебаниям осциллятора, см. формулы (38), (39) и (40). Коэффициент "жесткости" такого осциллятора следует вычислять по следующей формуле:

$$ k = \frac{2 \cdot G \cdot M^2}{R^3} = \frac{8 \cdot \pi}{3} pGM . \qquad (44) $$

Каждый полный оборот вселенной или антивселенной вокруг своей собственной оси от нуля до 360^0 соответствует одному циклу, то есть одному полному периоду колебаний, который состоит из следующих четырех фаз, качественно отличающихся друг от друга:

Фаза первая (первая четверть оборота), ωt = от 0^0 **до** 90^0. В идеальной точке, которая не содержит в себе никаких материальных атрибутов, из ничего рождается вселенная в виде нулевой суммы отрицательной и положительной энергии, в полном соответствии с законами сохранения. Отрицательная энергия представляет собой невесомое и незримое пространство, а положительная энергия **эволюционно** превращается в весомое и зримое вещество, обладающее ненулевой массой покоя. Такая вселенная расширяется от идеального нуля до критических размеров.

Фаза вторая (вторая четверть оборота), ωt = от 90^0 до 180^0. Вселенная, достигшая своих критических размеров, закончила свое расширение и начинает сжиматься. Гравитационный коллапс и **катастрофическое** (а не эволюционное!) сжатие продолжается до тех пор, пока вселенная полностью не исчезнет, превратившись в идеальную точку, которая не содержит в себе никаких материальных атрибутов.

Фаза третья (третья четверть оборота), ωt = от 180^0 до 270^0. В идеальной точке, которая не содержит в себе никаких материальных атрибутов, из ничего рождается антивселенная в виде нулевой суммы положительной и отрицательной энергии, в полном соответствии с законами сохранения. Положительная энергия представляет собой невесомое и незримое антипространство, а отрицательная энергия **эволюционно** превращается в весомое и зримое антивещество, обладающее отрицательной массой покоя. Такая антивселенная расширяется от идеального нуля до критических размеров.

Фаза четвертая (четвертая четверть оборота), ωt = от 270^0 до 360^0. Антивселенная, достигшая критических размеров, закончила свое расширение и начинает сжиматься. Гравитационный коллапс и **катастрофическое** (а не эволюционное!) сжатие продолжается до тех пор, пока антивселенная полностью не исчезнет, превратившись в идеальную точку, которая не содержит в себе никаких материальных атрибутов.

Таким образом, диалектическое единство вселенных и антивселенных в вопросах их расширения и сжатия можно назвать **осциллирующими** в логическом (а не физическом!) смысле слова. Первую половину такого рода единства мы называем **осциллирующей вселенной** (ωt = от 0 до 180^0). Вторую половину такого рода единства мы называем **осциллирующей антивселенной** (ωt = от 180^0 до 360^0). Осциллирующие вселенные и антивселенные являются диалектическими противоположностями, которые поочередно чередуются и сменяют друг друга в логической последовательности в полном соответствии с законом отрицания отрицания.

За время первой четверти оборота новорожденная вселенная эволюционирует и расширяется от идеального нуля до критических размеров.

За время второй четверти оборота вселенная катастрофически сжимается от критических размеров до идеального нуля, после чего она полностью исчезает, не оставив после себя ничего материального.

За время третьей четверти оборота новорожденная антивселенная эволюционирует и расширяется от идеального нуля до критических размеров.

За время четвертой четверти оборота антивселенная катастрофически сжимается от критических размеров до идеального нуля, после чего она полностью исчезает, не оставив после себя ничего материального.

Осциллирующие вселенные или антивселенные являются **эволюционными** только лишь в период их расширения, а не сжатия. В период сжатия они являются **катастрофическими**, деградирующими, погибающими, а не эволюционными.

График изменения радиуса и скорости расширения физической вселенной см. рис. 11 в книге ([23], стр.330).

2. Вселенные и антивселенные.

Необходимо иметь в виду, что формулы (38) и (39) являются приближенными прежде всего потому, что они выражают только лишь основную гармонику расширения и сжатия Вселенной, хотя кроме того имеются множество сравнительно мелких гармоник. Привести более сложные и более точные формулы в популярном изложении материала не представляется целесообразным, потому что простой модели вполне достаточно для понимания сути дела, которая заключается в следующем: **Вселенная родилась из ничего и расширяется от нуля до критических размеров, после чего она будет сжиматься до тех пор, пока полностью не исчезнет.**

Такого рода колебания принято называть нелинейными. Нелинейность колебательного изменения радиуса Вселенной прежде всего заключается в том, что уравнения (38) и (39) относятся только лишь к периоду существования Вселенной от начала расширения до конца ее сжатия. Вне этого промежутка времени формулы (38) и (39) полностью вырождаются, то есть перестают быть действительными, потому что нет Вселенной вне времени ее существования. Поэтому всякие рассуждения о **бесконечно** осциллирующей Вселенной являются антинаучными.

Вселенная сжимается до тех пор, пока она полностью не исчезнет. А исчезнувшая вселенная не может расширяться, потому что ее уже нет, точно так же, как прах мертвеца не может ожить из могилы. Человек перерождается не из праха могилы, а в утробе матери. Труп гниет до конца без всякого возрождения, а человек возрождается в другом (новорожденном) теле ребенка, которому предстоит новое развитие. Физические тела людей рождаются и умирают, а души их остаются. Но у вселенной нет души. Поэтому она исчезает навсегда.

Если человеческое тело умирает, то душа его вселяется в новорожденное тело. Аналогично душа человека может пережить вселенную, покидая коллапсирующую вселенную и вселяясь в новорожденную. Вселенные рождаются и умирают так же, как и звезды. Если звезды существуют в конечном и замкнутом физическом пространстве вселенной, то вселенные рождаются, развиваются, стабильно существуют, стареют и умирают в бесконечных просторах Идеального Мира. Каждая вселенная (как и каждая звезда) рождается всего лишь один раз. Умирающая вселенная должна умереть до конца, и поэтому в физическом смысле слова она не может быть многократно осциллирующей.

Однако это вовсе не означает, что вместо погибшей вселенной не появится другая вселенная по той же или по обновленной идеальной программе. Напротив, этого следует ожидать по многим причинам. Во-первых, навряд ли конечной целью Бога, сотворившего Вселенную, является гибель Вселенной. Наоборот, развитие Материального Мира неуклонно стремится к совершенству, а процесс усовершенствования требует многократной качественной переделки. Во-вторых, гибель любой материальной системы обычно сопровождается рождением другой аналогичной системы: одни люди умирают, а на смену рождаются другие люди, одни звезды коллапсируют, а другие рождаются им на смену и т.д. А согласно диалектическому закону отрицания отрицания, на смену погибшей Вселенной должна родиться новая Антивселенная.

В последние мгновения существования Вселенной остатки положительной и отрицательной энергии исчезнут одновременно. Однако всякая одновременность в физическом мире относительна. Это значит, что в абсолютном смысле слова последняя порция положительной массы исчезнет с некоторым (невообразимо малым!) опережением или отставанием в сравнении с последней порцией отрицательной массы.

Согласно данным 15-й главы, появление элементарной энергоантичастицы в идеальной точке может служить "первоначальным толчком" при сотворении физической вселенной из ничего. Совершенно аналогично, появление элементарной частицы в идеальной точке может служить "первоначальным толчком" при сотворении антивселенной из ничего.

Если после полного исчезновения физической вселенной в черной космической дыре останется элементарная частица со сколь угодно малой положительной массой покоя, то она даст "первоначальный толчок" для сотворения антивселенной. Тогда на смену физической вселенной образуется и будет расширяться антивселенная, в которой вакуумное пространство строится из положительной энергии, а звезды и галактики будут построены из энергоантивещества, обладающего отрицательной массой покоя.

Если после полного исчезновения анти-вселенной в черной космической дыре останется элементарная энергоантичастица со сколь угодно малой отрицательной массой покоя, то она даст "первоначальный толчок" для сотворения вселенной.Тогда на смену антивселенной образуется и будет расширяться вселенная, в которой вакуумное пространство строится из отрицательной энергии, а звезды и галактики будут построены из вещества, обладающего положительной массой покоя. Так физические вселенные и антивселенные будут чередоваться (осциллировать), поочередно смещая друг друга. Так физическая Вселенная, как и человек, может оставить после своей смерти "потомство".

Так на смену умирающей вселенной может родиться и эволюционировать новая антивселен-ная, а на смену умирающей антивселенной может родиться и эволюционировать новая вселенная и т.д. Таким образом, вселенные и антивселенные могут чередоваться, поочередно сменяя друг друга через определенные промежутки времени. Каждую последующую вселенную мы можем считать **логическим** продолжением предыдущей вселенной только лишь в том смысле слова, что они могут рождаться и развиваться по одной и той же идеаль-ной программе, начертанной единым Богом. Однако мы ни в коей мере не можем считать ни одну после-дующую вселенную **физическим** продолжением предыдущей вселенной, потому что **от кол-лапсирующей** вселенной ничего физического не остается.

Согласно диалектическому закону отрицания отрицания, в конце сжатия Вселенная должна смениться своей диалектической противоположностью — антивселенной, подобно тому, как день сменяется ночью.

Все материальные элементы и системы находятся в состоянии такого непрерывного колебательного движения и изменения, при котором диалектические противоположности с течением времени следуют друг за другом, периодически и поочередно чередуясь. Возникает вполне уместный вопрос: в чем конкретно выражается основное колебательное чередование диалектических противоположностей для всей Вселенной в целом?

Теория и расчеты показывают, что тоталитарный коллапс будет настолько всепожирающим, что возможность сохранения или спасения сколь угодно малого количества материи от коллапсирующей Вселенной совершенно исключается. Поэтому гравитационный коллапс и катастрофическое сжатие Вселенной не могут перейти в ее расширение, а начало Вселенной никак не может быть связано с ее концом.

Начало нашей Вселенной не может быть также физическим продолжением какой-нибудь другой вселенной. Никаких **вечно** расширяющихся или вечно пульсирующих **вселенных** в Материальном Мире нет и не может быть. **Физическая вселенная рождается и расширяется от идеального нуля, когда небытие материи в идеальной точке становится неустойчивым.**

По признанию самих атеистов "во Вселенной в прошлом смена сжатия расширением невозможна, расширение начиналось от сингулярности",

([61]стр.150).

Для лучшего понимания сути осциллирующих вселенных проведем следующую аналогию, которую назовем " Федот, да не тот". Представим себе,
что какой-то человек по имени Федот оставил после
своей смерти дочь Марусю. Маруся после своей
смерти оставила сына Федота. Федот младший
после своей смерти оставил дочь Марусю и так
прошло много-много поколений. В этой цепи
поколений все Федоты и все Маруси являются
похожими по внешней форме, но совершенно
разными по внутреннему содержанию, людьми.
Такую цепь поочередно сменяющих друг друга
Федотов и Марусь в известном смысле слова можно
назвать **осциллирующей,** но. она ни в коем случае не
может быть названа **вечно** осциллирующей. Никакой Федот и никакая Маруся не могут быть вечными
или бессмертными. Каждый из них живет в своем
отрезке времени. Кроме того, любой из них может
оказаться бездетным и тем самым положить конец
всему потомству.

Если поколение Федотов и Марусь можно
назвать осциллирующей цепью одинаково чередующихся звеньев, то совершенно аналогично цепь
одинаково чередующихся вселенных и антивселенных можно назвать **осциллирующими вселенными.**
Если Федот-дед и Федот-внук являются совершенно
разными людьми, то вселенная-бабушка и вселен-
ная-внучка являются совершенно разными вселенными.

Если цепь поочередно сменяющих друг друга
Федотов и Марусь ни в коем случае не может быть
названа **вечно осциллирующей,** то никакая
физическая вселенная не может быть **вечной** или

270

бессмертной. Каждая из них живет в своем отрезке времени. Кроме того, любая физическая вселенная может оказаться "бездетной" и тем самым положить конец всему "потомству".

Опираясь на современные данные естественных и философских наук, мы можем вкратце сформулировать научную теорию бренности осциллирующих вселенных следующим образом:

От коллапсирующей Вселенной ничего физического не останется. Однако на смену умирающей вселенной может родиться и эволюционировать новая антивселенная, а на смену умирающей антивселенной может родиться и эволюционировать новая вселенная и т.д. Вселенные и антивселенные могут чередоваться, поочередно отрицая друг друга через определенные промежутки времени. Последующие вселенные можно считать логическими (но не физическими!) продолжениями предыдущих вселенных, и притом в такой мере, что мы в известном смысле можем сказать: каждой вселенной жизнь дается только лишь один раз!

Вечно расширяющиеся или вечно пульсирующие вселенные являются атеистическими небылицами и невозможными категориями Материального Мира прежде всего потому, что они противоречат законам физики и той самой диалектики, на котором держится атеизм. Однако идеальная вселенная может быть вечной и бесконечной, если в ней нет никакой материи.

3 Вечное расширение идеальной вселенной.

Если расширение нашей Вселенной неизбежно должно смениться сжатием, то не означает ли это, что вечно расширяющаяся вселенная является невозможной категорией вообще, в принципе?

Науке известно, что, чем меньше жесткость пружины, тем больше период механических колебаний груза, подвешенного на ней. Совершенно аналогично мы можем сказать: чем меньше средняя плотность (чем "жиже" вакуум), тем долговечнее вселенная,

Из формул (34) и (41) видно, что, задаваясь средней плотностью **p**, Творец может запланировать заранее критические размеры и срок службы будущей вселенной. Чем меньше средняя плотность вселенной, тем меньше содержится отрицательной и положительной энергии в единице объема вакуумного пространства и тем дольше вселенная просуществует. Если $p = 0$, то $T_e = \infty$ и $R_{max} = \infty$. Это значит, что, в принципе, Творец может создать вечную и бесконечную вселенную, которая имеет начало, но у которой не будет конца.

Вечной и бесконечной может быть только лишь идеальная вселенная. Физическая вселенная никогда не будет вечной и бесконечной, она может быть только лишь осциллирующей. Идеальная вселенная никогда не может быть осциллллирующей, потому что она будет всегда расширяться и никогда не будет сжиматься.

Однако наша физическая Вселенная такой не является потому, что ее средняя плотность не равна нулю. Под термином "вселенная" обычно подразумевают физическую вселенную, если специально не оговорено. Если бы средняя плотность вселенной была равна нулю ($p = 0$, $M = 0$), то вселенная оказалась бы не физической и не материальной, а идеальной категорией. **Вселенную** мы называем **идеальной**, если в ней нет никакой материи вообще

(М = 0). По всей вероятности, в одной из таких идеальных вселенных живут и развиваются наши нематериальные души.

Таким образом, **расширение любой физической вселенной неизбежно рано или поздно должно перейти в ее катастрофическое сжатие, которое будет продолжаться до тех пор, пока вселенная полностью не исчезнет. Однако идеальная вселенная может быть вечной и бесконечной.**

Наша Вселенная ныне расширяется (достоверно доказано), но вечное расширение физической вселенной невозможно. Вечно расширяться могут только лишь идеальные вселенные.

Для Материального Мира вечная и бесконечная вселенная выступает не как объективно существующая реальность, а только лишь как идеальный предел, к которому та или иная физическая вселенная могла бы стремиться в своем развитии, но которого она практически никогда не могла бы достичь. Для Идеального Мира она является объективной реальностью и выражает неограниченные возможности Творца: каким большим числом T_e или R_{max} он бы ни задался, он может запланировать срок службы вселенной (или ее габариты) еще больше.

Осциллирующими могут быть только лишь физические вселенные, а вечно расширяющимися - только лишь идеальные вселенные, см. формулу (41). При этом идеальное пространство качественно отличается от физического пространства. Однако время и частота волны имеют одинаковый смысл как для физических, так и для идеальных вселенных.

Количество измерений и радиальная скорость расширения идеальной вселенной не являются бесконечными величинами. Они всегда могут быть выражены большими, но постоянными числами. Бесконечными величинами являются протяженность пространства и времени, имеющая начало, но не имеющая конца.

Плотность массы идеальной вселенной всегда равна нулю p=0. Поэтому согласно формулам (35) и (36) угловая скорость вращения и окружная скорость идеальной вселенной равны идеальному нулю, то есть идеальная вселенная не вращается совсем. Вечное расширение идеальной вселенной происходит с очень большой, но постоянной радиальной скоростью, без всякого ускорения и без всякого замедления. Радиальная скорость расширения для каждой идеальной вселенной выражается своим очень большим, но конкретным и конечным числом. Она равна резонансной скорости и может быть вычислена по форулам (14).

32
"РАСКАЧКА"
ОСЦИЛЛИРУЮЩИХ ВСЕЛЕННЫХ БОГОМ
([23], стр. 331-338)

> В далеком будущем совершенный человек сможет переселиться из коллапсирующей вселенной в прогрессирующую, если он этого заслужит.
>
> Исай Давыдов

1. Раскачка осциллирующей вселенной.

Рассмотрим теперь другой вопрос: могут ли чередования вселенных и антивселенных продолжаться до бесконечности? Нет, не могут! Атеистический принцип бесконечного числа физических колебаний является антинаучным потому, что он находится в вопиющем противоречии не только с диалектическим законом перехода количества в качество, но и с законами естественных наук. Бесконечно осциллирующая вселенная является невозможной категорией прежде всего потому, что в физическом мире нет и не может быть никакого бесконечного числа колебаний вообще ([53], стр.77) .

Кроме того, из теории колебаний известно, что коэффициент затухания b для физических систем не может быть равен нулю в абсолютной точности, хотя он и может быть очень малым числом. Если внешний мир пассивен по отношению к осциллятору, то коэффициент b есть положительное число. Тогда колебательный процесс становится затухающим, а бесконечные колебания становятся невозможными. Если внешний мир стимулирует колебания осциллятора, то коэффициент b становится отрицательным числом. Тогда колебательный процесс будет периодическим или возрастающим до тех пор, пока колебания поддерживаются или стимулируются извне. **Всякие колебания с течением времени неизбежно затухают, если они не поддерживаются и не стимулируются внешними факторами.**

Поэтому глобальные колебания Вселенной давно заглохли бы, если бы они не поддерживались и не стимулировались потусторонними силами. Свободные колебания материи практически всегда являются затухающими. Чтобы колебания не затухали, Вселенная нуждается в постоянном или периодическом возмущающем факторе. Осциллирующая вселенная нуждается в Боге, без которого она не может осциллировать. Если Бог будет контролировать и стимулировать рождение и развитие вселенных, то каждая последующая вселенная должна быть более прогрессивной, чем предыдущая. Но до каких пор будет длиться такого рода прогресс? Ответ может быть только один: до тех пор, пока Бог будет стимулировать его!

Таким образом, осциллирующие вселенные могут быть затухающими, периодическими или прогрессирующими. Осциллирующие вселенные являются **прогрессирующими** или **периодическими**, если их периодически стимулирует Бог. Осциллирующие вселенные являются **затухающими**, если о них перестал заботиться Бог.

Если осциллирующие вселенные являются **затухающими**, то каждая последующая вселенная хуже по качеству и меньше по размерам, чем предыдущая вселенная. Срок жизни каждой последующей вселенной будет уменьшаться до тех пор, пока количество колебаний не перейдет в качество бытия, вследствие чего полностью исчезнет последняя вселенная. Если осциллирующие вселенные являются **периодическими**, то каждая последующая вселенная остается такой же, как и предыдущая вселенная.

Если осциллирующие вселенные являются **прогрессирующими**, то каждая последующая вселенная лучше по качеству и больше по размерам, чем предыдущая вселенная. Срок жизни каждой последующей вселенной будет увеличиваться до тех пор, пока количество колебаний не перейдет в качество бытия, вследствие чего физическая вселенная перейдет в идеальную.

Поэтому если наша физическая Вселенная является трехмерной, то это вовсе не означает, что все остальные физические вселенные являются якобы тоже тремерными. Физические вселенные, как и идеальные, могут иметь любое количество измерений. В отличие от идеальной, физическая вселенная состоит из противоположностей, алгебраическая сумма которых равна идеальному нулю. Например: $(+5м-5м=0)$, $(+5м^2-5м^2=0)$ и т.д.

2. Бог и осциллирующие вселенные.

Но тогда возникает вполне естественный вопрос: каким образом идеальный Бог стимулирует расширение вселенных?

Согласно третьему уравнению (32), экваториальная скорость Вселенной v должна расти пропорционально ее радиусу R. Это значит, что необходимым условием расширения вселенной является непрерывный рост момента количества вращательного движения и сотворение энергии из ничего. Масса вселенной (а следовательно, и энергия) пропорциональна кубу ее радиуса. Поэтому на периферии Вселенной должно рождаться все больше и больше энергии для того, чтобы она расширялась.

Источниками такого рода дополнительной энергии являются квазары — белые космические дыры, в которых ныне рождается из ничего ровно такое количество энергии (не больше и не меньше!), какое необходимо для расширения Вселенной, то есть для того, чтобы поддерживать скорость вращения Вселенной вокруг своей оси постоянной величиной: ω = const.

Эти квазары на окраине Вселенной играют ту же роль, какую роль играют сопла во вращательном движении турбины. Стоит прекратить подачу пара или газа из сопел турбины, как турбина остановится, вращение, а следовательно, и колебания ротора прекратятся. Совершенно аналогично: стоит прекратить извержение энергии из белых космических дыр, расположенных на окраине Вселенной, как расширение Вселенной перейдет в ее сжатие, которое будет длиться до тех пор, пока Вселенная полностью не исчезнет.

Если даже не прекратить истечение пара или газа из сопел турбины, а переменить его окружное направление на радиальное - движение турбины все равно прекратится. Совершенно аналогично: если даже не прекратить извержение энергии из белых дыр, а распространять ее во все стороны равномерно - все равно вращение Вселенной замедлится, а ее расширение перейдет в сжатие. Расширению Вселенной способствует в основном такое направление извергаемой энергии, которое соответствует направлению экваториальной скорости.

Спрашивается, можно ли без всякой идеи, без всякого интеллекта, без всякой воли — регулировать количество и направление извергаемой энергии, нужное для поддержания скорости вращения Вселенной? Может ли такого рода целесообразная система автоматического управления возникнуть сама собой, без интеллектуального Творца? Ответ может быть только лишь один: нет! Того самого интеллектуального Творца, который стимулирует расширение Вселенной, мы и называем **Абсолютным Богом**.

Но тогда возникает другой вопрос: каким интеллектом, какой мощью и какой волей обладает Бог, который приводит в столь целесообразное движение столь грандиозную и сложную машину, как наша Вселенная? Ответ может быть только лишь один: Бог обладает абсолютно совершенным Интеллектом, ничем не ограниченной мощью и абсолютной свободой своей собственной воли!

Идеального Бога, стимулирующего осциллирующую Вселенную, образно можно сравнить с родителем, раскачивающим качели, в которых спит его грудной ребенок. Если родитель перестанет подталкивать качели, то качели остановятся и никогда вновь сами по себе не начнут раскачиваться. Совершенно аналогично — если Бог перестанет стимулировать расширение Вселенной, то Вселенная исчезнет и никогда вновь не возродится без его воли.

Если атеизм торжественно провозглашает, что все протекает так, как предусмотрено "предусмотрительной" природой, то я смею заметить, что не только "предусмотрительной", но и вообще никакой природы не было тогда, когда небытие Вселенной стало неустойчивым.

Таким образом, осциллирующая вселенная вовсе не является "вечно" осциллирующей. Она ограничена во времени и в пространстве и будет осциллировать только лишь до тех пор, пока этого хочет Бог.

3. Возможности человека в осциллирующей вселенной.

Но до каких пор Бог будет стимулировать прогресс вселенных? Очевидно, до тех пор, пока он не достигнет своей основной цели — совершенства человеческого интеллекта. Если человеческий интеллект станет совершенным, то Бог может отдать судьбу Вселенной в руки самого человека, для которого он ее построил. К тому времени человек может научиться контролировать и управлять энергетической производительностью белых космических дыр.

Тогда человек может выбрать наиболее удобное для себя состояние Вселенной и сделать его устойчивым на неопределенное время. Если ныне субъективный интеллект вносит небольшие изменения во всеобщей программе материального развития, то в будущем может наступить такой момент, когда Вселенная будет функционировать полностью по программе человека без участия Бога. Но для этого человек должен обладать не только достаточно объективным интеллектом, но и неизменной волей, совпадающей с Волей Бога.

В связи с этим возникает вполне уместный

вопрос: можем ли мы, в принципе, управлять процессом сотворения и уничтожения энергии? Да, можем! Сверхцивилизация, в принципе, может создавать искусственные белые и черные дыры, регулируя, например плотность массы ([90], стр. 311) При нулевой плотности открывается белая космическая дыра, а при предельно большой плотности - черная. В лабораторных условиях на Земле эта задача усложняется близостью крупных масс самой Земли и Солнца. Однако вдали от космических тел поставленная задача значительно упрощается.

Если критическая плотность Вселенной станет равна или меньше, чем ее средняя плотность, то предотвратить тоталитарную катастрофу невозможно. Но если искусственно остановить расширение Вселенной еще тогда, когда средняя плотность составляет 60-70% от критической, то дальнейшее сжатие Вселенной можно остановить или хотя бы задержать на неопределенное время. Границы такого рода сферообразной Вселенной будут колебаться около состояния устойчивого равновесия так, что ее средний радиус будет оставаться постоянным до тех пор, пока такое состояние не накопит определенное количество погрешности. В центре такой Вселенной время от времени будет открываться тоталитарная черная дыра, в которой будут исчезать громадные порции отработавшей материи. На ее периферии будут рождаться белые космические дыры, которые будут производить ровно столько материи, сколько материи съедает черная дыра. Галактики, рожденные на периферии, будут неуклонно двигаться к центру, где они исчезнут навсегда. Эти галактики могут быть использованы цивилизациями, которые будут периодически (через десятки миллиардов лет!) переселяться из устаревших галактик в новорожденные. Конечно, такого рода переселения вряд ли возможны и целесообразны в физическом смысле слова. Однако в идеальном смысле они вполне возможны.

К тому же такое состояние Вселенной вряд ли возможно в рамках ее существующей модели, которая, однако, может быть качественно изменена Богом или человеком. Но нужно ли это Богу и нужно ли это человеку? Думаю, что нет! Все дело заключается в том, что к тому времени субъективный интеллект человека станет объективным. Это значит, что он поймет бессмертие своей души и станет качественно иным. Тогда человек после очередной смерти и возрождения своего биологического тела будет помнить свою предыдущую жизнь примерно так же, как вы сегодня после сна помните свою вчерашнюю усталость.

Поэтому в те времена идеальное содержание человека будет переселяться из одряхлевшего биологического тела в новорожденное и из устаревшей вселенной в новую примерно так же безболезненно, как вы ныне переселяетесь из обветшалой квартиры в новую. Предоставляем самим читателям решить вопрос, которая из двух возможностей наиболее привлекательна: оставаться навсегда в одной и той же квартире, периодически ремонтируя ее, или же по мере старения квартиры каждый раз переезжать в качественно новую квартиру. Подробнее этот вопрос мы обсудим в книге: "Душа и тело".

4. Количество колебаний и качество вселенных.

Согласно законам диалектического развития, осциллирующие вселенные и антивселенные должны быть прогрессирующими. Это значит, что каждая последующая вселенная (или антивселенная) должна быть более качественной, чем предыдущая. Однако согласно диалектическим законам перехода количества в качество и двойного отрицания, такого рода прогресс имеет конкретный предел и не может продолжаться до фантастической бесконечности.

Прогресс будет продолжаться до тех пор, пока Бог будет стимулировать его. Регресс начнется тогда, когда Бог перестанет стимулировать прогресс. Если Бог перестанет стимулировать прогресс, то согласно закону отрицания отрицания, прогресс перейдет в свою диалектическую противоположность — регресс. Тогда каждая последующая вселенная (или антивселенная) будет менее качественной, чем предыдущая. Затухающие колебания вселенных приведут их к полному исчезновению.

Если Бог будет стимулировать прогресс достаточно долго, то согласно диалектическому закону перехода количества в качество, по истечении некоторого конечного количества циклов колебаний физическое качество вселенной перейдет в идеальное качество. Для идеальной вселенной, созданной таким образом, законы физики и материи станут необязательными. А самое интересное — это то, что люди доживут до самой райской Вселенной, но только лишь в том случае, если оправдают то высокое доверие, которое Бог оказал им. Жители идеальной вселенной не должны накапливать никаких погрешностей и поэтому могут жить вечно.

Опираясь на современные данные естественных и философских наук, мы можем вкратце сформулировать **научную теорию осциллирующей Вселенной** следующим образом:

Всякие колебания чередующихся вселенных (как и любых других физических осцилляторов) с течением времени неизбежно затухают, если они не поддерживаются и не стимулируются внешними факторами. Поэтому чередующиеся вселенные будут прогрессировать только лишь до тех пор, пока их поддерживает и стимулирует потусторонний Бог.

Возможным результатом прогрессирующих вселенных может быть идеальная вселенная, которая будет свободна от всякого рода погрешностей и которая поэтому будет нуждаться в минимальном контроле со стороны Бога.

33
РОЛЬ ЧЕЛОВЕКА В РАЗВИТИИ ОСЦИЛЛИРУЮЩИХ ВСЕЛЕННЫХ
([23], стр.339-344)

Современный человек сможет стать жителем Райской Вселенной, если он этого заслужит.

Исай Давыдов

Если вселенная осциллирует, то ее колебания либо затухают, либо нарастают. Если бы Бог перестал их стимулировать и контролировать, то колебания были бы затухающими и каждая последующая вселенная накапливала бы больше погрешности, чем предыдущая. Согласно закону перехода количества в качество, количество циклов таких колебаний не может возрастать до фантастической бесконечности без изменения коренного качества вселенных. Обязательно должно существовать такое конечное количество циклов, при котором громадная накопленная погрешность сделает невозможным дальнейшее продолжение колебаний.

Тогда согласно закону отрицания отрицания, серия осциллирующих вселенных перестанет существовать и перейдет в свою диалектическую противоположность — небытие. Однако закон отрицания отрицания, обязательный для Материального Мира, не распространяется на состояние небытия. Поэтому небытие не обязано самопроизвольно перейти в свою диалектическую противоположность — бытие осциллирующих вселенных. Такой переход возможен только лишь по воле и по программе Бога.

Но что произойдет, если Бог не перестанет, а будет продолжать стимулировать прогресс осциллирующих вселенных? В этом случае колебания будут нарастающими и каждая последующая вселенная будет накапливать меньше погрешности, чем предыдущая. Согласно закону перехода количества в качество, количество циклов нарастающих колебаний также не может возрастать до фантастической бесконечности без изменения коренного качества вселенных. В этом случае обязательно должно существовать такое другое конечное число колебаний, при котором вселенная перестанет накапливать погрешность вообще. Тогда согласно закону отрицания отрицания, материальная вселенная перейдет в свою диалектическую противоположность - идеальную вселенную, которая будет вечно расширяться и никогда не будет сжиматься.

Возможен вариант вселенной, промежуточной между идеальной и материальной. Назовем ее **Райской Вселенной**, которая будет не совсем идеальной потому, что будет по-прежнему состоять из таких "строительных кирпичиков", как компонентные противоположности. Но она в то же время будет не совсем материальной потому, что насквозь будет пронизана объективной идеей до такой степени, что всякое ошибочное движение или изменение материи окажется невозможным. Всякие ошибки, всякие погрешности, всякие черные дыры — будут полностью исключены. Поэтому Райская Вселенная, построенная из противоречивой и смертной материи, сможет существовать в будущем столько, сколько будет угодно интеллекту, божественному или даже небожественному. Закон отрицания отрицания распространяется на материю и субъективную идею, но не распространяется на объективную идею и Райскую Вселенную. Поэтому Райская Вселенная может, но не обязана перейти в свою диалектическую противоположность — материю или объективную идею.

Таким образом, осциллирующие вселенные должны либо исчезнуть совсем, либо превратиться в идеальную вселенную, либо превратиться в систему, которую нельзя будет называть уже материальной хотя бы потому, что она не будет накапливать никакой погрешности. Здесь считаю уместным еще раз напомнить читателю, что под "вселенной" мы подразумеваем "физическую вселенную", а не идеальную, если это специально не оговорено.

Вселенная эволюционна, она развивается не только количественно, но и качественно, приобретая самым неожиданным образом все новые и новые качества, неведомые дотоле. Поэтому человеческому интеллекту было бы трудно (почти невозможно!) представить себе нынешнюю Вселенную, если бы ему пришлось догадываться об этом в эпоху энергетической эволюции, когда не было еще ни атомов, ни молекул. Точно так же нам трудно (почти невозможно!) представить себе сейчас ту совершенную систему, в которую должны превратиться в конечном счете осциллирующие вселенные. Однако нам ясно одно, что такого рода конечный продукт должен быть совершенным.

Совершенная или Райская Вселенная, рожденная на базе несовершенной материи, не будет накапливать никакой погрешности. Поэтому она, ограниченная в прошлом, не будет ограничена в будущем. В этом будет заключаться одно из ее существенных отличий от материи и идеи. Мир абсолютных идей, не ограниченный временем ни в прошлом, ни в будущем, не имеет ни начала, ни конца. Материальная Вселенная, ограниченная временем и в прошлом и в будущем, имеет и начало и конец. У Райской Вселенной будет начало, но у нее не будет конца, если ее обитатели оправдают доверие Бога.

Возможно, что ее физические законы и пространственно-временные соотношения будут существенно и качественно отличаться от физических законов и пространственно-временных соотношений нашей Вселенной. В Райской Вселенной будет жить и наслаждаться райская ультрацивилизация - справедливое общество совершенных интеллектуалов, неспособных заблуждаться, общество любви без ненависти, общество правды без лжи, общество справедливости без вероломства, общество доброты без зла, общество подлинной свободы без деспотичных "вождей". Но даже Райская Вселенная, у которой не будет конца в относительном смысле слова, не будет абсолютно бессмертной, ибо вечный Бог, сотворивший ее, может ее и разрушить, если сочтет нужным.

Самое интересное заключается в том, что согласно данным современной науки, мы с вами можем быть членами того далекого и прекрасного общества, если будем вести себя соответствующим образом ныне.

Человечество развивается путем многократного чередования таких диалектических противоположностей, как рождение и смерть человеческих тел. Биологическая смерть необходима для освобождения физического тела от накопленной погрешности. Физические тела рождаются и умирают, а души людей продолжают совершенствоваться, не старея. Субъективный (человеческий) интеллект приходит к объективной истине не сразу, а через многократно повторяющееся чередование диалектических противоположностей: познания и заблуждения, любви и ненависти, справедливости и вероломства.

Если у человека не хватает интеллекта для того, чтобы понять истину, то он все чаще и чаще впадает в заблуждение. Впадая в роковое заблуждение, человек все чаще и чаще предпочитает сиюминутную "выгоду" и отрекается от прекрасного будущего. Заблуждение без познания, ненависть без любви, вероломство без справедливости - вот те основные критерии, при которых интеллект перестает быть интеллектом. Если интеллект перестает быть интеллектом, то душа перестает существовать. Если душа погибает, то человек умирает и не возрождается вновь.

Если человечество пойдет по такому пути, то оно не оправдает надежд Бога. Если человек не оправдает надежд Бога, то он исчезнет точно так же, как исчезают с лица Земли, например, волки. Если люди утратят свое господствующее положение, то их место в Материальном Мире займут другие интеллектуалы, о которых мы ныне даже не догадываемся. Но у человека достаточно ума для того, чтобы познавать истину.

Познавая объективную истину, человек все больше и больше начинает понимать все прелести истинной любви и справедливости, а также всю бессмысленность жестокости и вероломства. Если субъективный интеллект полностью освободится от бремени заблуждений и превратится в объективный интеллект, то в душе человека не останется никакого места для ненависти, вероломства и жестокости. Если интеллект человека, освбожденный от лжи и заблуждений, станет объективным и если душа его, лишенная вероломства и ненависти, будет полна любви и справедливости, то такой человек готов вступить в Райскую Вселенную.

Но когда и где произойдет это? Может быть, через 200 лет, может быть, через миллиарды миллиардов лет, а может быть, и никогда! Но более вероятно, что такого рода Райская Вселенная уже есть, однако существует она вне Материального Мира. И если Райская Вселенная уже существует даже за пределами Материального Мира, то это вовсе не означает, что она якобы недоступна для нас.

Наоборот: данные современной науки убеждают нас в том, что человек при определенных условиях может переселиться туда. Однако Райскую Вселенную, существующую не только вне нашей Вселенной, но и вне нашего Материального Мира, мы должны четко отличать от Земного Рая, который по нашим предварительным подсчетам может быть построен на нашей Земле примерно через 235 лет. Но об этом речь пойдет в отдельной книге.

Материализм несовместим с диалектикой уже потому, что атеистический принцип "вечного" развития материи находится в вопиющем противоречии с такими законами диалектики, как закон перехода количества в качество и закон отрицания отрицания, согласно которым любая развивающаяся материальная система в конечном счете обязана либо перестать существовать вовсе, либо превратиться в качественно иную совершенную систему, которую уже нельзя называть материальной и которая уже не обязана подчиняться законам, присущим только материи, в том числе и закону отрицания отрицания.

34
ПУТЕШЕСТВИЕ В ИНЫЕ ВСЕЛЕННЫЕ
([23], стр.348-358)

> Мир состоит из большого коли-
> чества вселенных, одна из которых
> – наша.
>
> И.С.Шкловский

1. Конечное множество иных вселенных.
Человек громко кричит и безудержно плачет
сразу же после своего рождения. Говорят, что это и
есть его первый крик свободного протеста против
того, что он прибыл в "этот" Материальный Мир.
Однако в атеистических странах еще в роддоме
акушерка, принявшая роды, сообщала
новорожденному о том, что никакого другого или
"иного" мира якобы нет и быть не может. В детских
садах малыши дружно и звонко хохотали, слушая
смешные "сказки" воспитателей об "иных" мирах.
Ученики средних школ считают безнадежно
отсталыми своих дедушек и бабушек, которые
отзываются об "ином" мире всерьез. Студенты
университетов искренне сочувствуют тем
"сумасшедшим", которые под воздействием "религиозной пропаганды" поверили в существование
"иного" мира.

Если студент на экзаменах и в быту не умел
убедительно критиковать религиозные идеи об
"иных" мирах, то он никогда не получит в атеистической стране высшего образования. А об ученых
степенях кандидата или доктора наук не может быть
и речи. В атеистических странах всякая наука,

включая физику и математику, получает право гражданства только лишь при условии, если она связывается с той или иной атеистической догмой. Не только марксистская философия, но и вся наука в целом становится безропотной служанкой атеизма и коммунизма. Поэтому ученым может стать только лишь тот, кто может надежно бороться против всяких религиозных "предрассудков" – таких, как "иной" мир.В связи с этим очень интересно знать: к какому научному выводу об "иных" мирах приходят в высших научных сферах те самые зрелые ученые, которые прошли через все стадии атеистического чистилища?

2. Путешествие человека в иные вселенные.

С 5 по 11 сентября 1971 года на Бюраканской астрофизической обсерватории Академии Наук Армянской ССР проходил первый советско-американский симпозиум по внеземным цивилизациям (CETI – Communication Extra-Terrestrial Intelligence). В работе этого симпозиума принимали участие крупнейшие ученые мира: Ф.Дрэйк (США), Н.С.Кардашев (СССР), Ф.Моррисон (США), Б.Оливер (США), Р.Пешек (ЧССР), К.Саган (США), И.С.Шкловский (СССР), Г.М.Товмасян (СССР), В.С.Троицкий (СССР), и многие другие.

Талантливый советский ученый Н.С.Кардашев выступил на этом симпозиуме с таким смелым докладом, который удивил даже самых "закаленных" сторонников религии ([90], стр. 310-312, 323-329) . Он рассматривал черные космические дыры как "выходные ворота" или "тоннели", ведущие из нашей Вселенной в иные миры. Соответственно, белые космические дыры рассматривались им как "входные ворота" или "тоннели", ведущие из иных миров в нашу Вселенную. Таким образом, черные и белые космические дыры являются всего лишь "каналами", которые связывают нашу Вселенную с иными мирами, существование которых признается реальным и научно доказанным фактом. Проделаем здесь мысленный эксперимент по научной модели Н.С.Кардашева.

Предположим, что некоторый путешественник на космическом корабле улетел от поверхности Земли по направлению к какой-либо черной космической дыре. При этом путешественник аккуратно посылает на Землю по одному сигналу в минуту. Космический корабль наращивает скорость постепенно, а не сразу. По мере приближения скорости космического корабля к скорости света, сигналы, аккуратно посылаемые им ежеминутно, будут поступать на Землю все реже и реже: через час, через сутки, через недели, через месяцы, года, века и т.д.

Когда путешественник пересечет "границу" черной дыры, его скорость будет равна скорости света. Теперь сигналы из черной космической дыры на Землю перестанут поступать совсем, хотя путешественник каждую минуту по своим часам продолжает аккуратно посылать сигналы. Н.С. Кардашев представил расчеты, согласно которым при таком пересечении границы черной дыры никакой катастрофы ни с путешественником, ни с его космическим кораблем не произойдет. За сравнительно короткий промежуток времени (по масштабам мира световых скоростей) от момента пересечения границы черной дыры до момента полной остановки (т.е. до момента, когда коллапсирующее тело превратится в нулевую точку), путешественник увидит все будущее той вселенной, которую он покинул. Он перестанет видеть эту вселенную из черной дыры в конечный миг коллапса (в момент остановки). Затем путешественник через черный "тоннель" выйдет в какую-либо белую космическую дыру, из которой он увидит всю прошлую историю той новой вселенной, куда он прибыл.

Таким образом, сначала один советский ученый Н.С.Кардашев, а вслед за ним и другой советский ученый И.С.Шкловский безоговорочно признали, что "Мир состоит из большого количества вселенных, одна из которых — наша" ([90], стр.311) . Обратите внимание: Мир состоит из **большого, но не из бесконечного** количества вселенных. Поэтому всякие рассуждения о бесконечности Материального Мира признаются ненаучными. Если все материальные элементы и системы с течением времени рождаются, развиваются, устойчиво существуют, стареют и умирают в трехмерном физическом пространстве Вселенной, то вселенные таким же образом рождаются, развиваются, устойчиво существуют, стареют и умирают в многомерном пространстве Идеального Мира.

3. Количество измерений пространства.

Гипотеза члена-корреспондента Академии Наук СССР Н.С.Кардашева в последнии годы развивается рядом советских ученых. Например, из гипотезы Андрея Линде (Институт Физики имени Лебедева в Москве) следует, что Бог создал множество вселенных и продолжает создавать новые, причем в каждой из них имеются свои пространственно-временные соотношения и действуют свои особые законы физики. Согласно гипотезе Андрея Линде, мир в целом имеет 26 измерений, хотя наша Вселенная представляет собой всего лишь четырехмерный пространственно-временной континуум: три измерения характеризуют физическое пространство, а четвертое измерение - время. Остальные 22 измерения обнаружить физически мы пока не можем.

Еще в 1987 году атеизм категорически возражал против существования четвертого измерения пространства следующим образом ([34],стр.118):"Все попытки различного рода мистиков доказать существование у пространства 4-го измерения, недоступного нашему восприятию, не имеют никакого отношения к науке".

Однако всего через три года под натиском научных фактов атеизму пришлось сделать следующее признание в официальном учебнике, предназначенном для всех высших учебных заведений СССР ([16], стр.86):

"В современных концепциях супергравитации вводится представление о **десятимерном пространстве-времени**... При рождении нашей Вселенной только четыре из десяти измерений пространства-времени обрели макроскопический статус, а остальные оказались как бы свернутыми в глубинах микромира, в областях 10^{-33} см. Их можно обнаружить, только проникнув в эти области, но там мы столкнемся с какими-то принципиально иными мирами".

Так официальный атеизм признает ныне иные измерения пространства, в котором родилась первобытная Вселенная. Небытие Вселенной стало неустойчивым 12 млрд земных лет тому назад вследствие возникновения "семи измерений" микромира, остальные три измерения пространства появились лишь тогда, когда первобытная энергетическая Вселенная превратилась в вещественную. Комментируя такого рода признания атеизма, Ян Майзельс в газете Новое Русское Слово от 4 января 1991 года пишет следующее:

"Почему физическое пространство обладает именно тремя, а не двумя или четырьмя измерениями? Физика легко объясняет такое устройство Вселенной свойствами гравитации: при двух измерениях сила тяготения убывала бы с расстоянием слишком медленно, и пространство стянулось бы в точку. При четырех измерениях пространство, напротив, распалось бы из-за чересчур быстрого ослабления тяготения с расстоянием. Итак, три пространственных измерения. А где же остальные семь? А что, если эти "исчезнувшие" измерения образовали свое **семимерное духовное** пространство? Причем эта духовная структура столь же реальна, как и физическая, но она не жесткая, а исключительно подвижная и в силу своей многомерности непосредственно нашими органами чувств не воспринимается. Как тут не вспомнить семь небес, семь сфер небесных? - три физических измерения окружены семью духовными".

4. Путешествие души в иные миры.

От признания иных вселенных или иных миров до признания Бога остается всего лишь один формальный шаг, ибо нелогично думать, что среди множества иных вселенных нет ни одной идеальной вселенной. Поэтому у неискушенного читателя на Западе может сложиться впечатление, что советский ученый Н.С.Кардашев по своей личной инициативе, на свой страх и риск выдвинул новую научную теорию, направленную против атеизма. Такое мнение является в корне ошибочным. Все дело заключается в том, что атеизм не может существовать без фантастических понятий "вечности и бесконечности материи". Однако ограниченность нашей Вселенной во времени и в пространстве естественными науками доказана настолько убедительно, что атеизму приходится признавать этот неоспоримый факт. Поэтому единственной надеждой атеизма на спасение от полного научного краха является гипотеза о том, что наша Вселенная, может быть, не является единственной.

Иные миры признаются ныне атеизмом не для того, чтобы признать Бога, а для того, чтобы спасти от неизбежного краха атеистическую сказку о "вечной и бесконечной" материи. Однако атеизм с помощью такого признания не может достичь своей цели прежде всего потому, что бесконечных чисел в природе нет вообще ([53], стр.77) . Следовательно, количество вселенных в Материальном Мире не может быть бесконечным. Если Материальный Мир и состоит из некоторого множества вселенных, то он рождается, развивается, накапливает погрешность, стареет и умирает точно так же, как и все его компоненты. Протяженность Материального Мира должна быть также конечной величиной потому, что она является суммой конечных размеров всех тех вселенных, которые входят в его состав. Поэтому никакой речи о "вечности и бесконечности" Материального Мира не может быть даже в том случае, если он и состоит из некоторого множества таких вселенных, как наша. Все это означает, что атеизму приходится признавать иные миры не от хорошей жизни, а потому что у него не остается никакого другого выхода. Признание иных миров есть своего рода "соломинка", за которую судорожно хватается безнадежно тонущий атеизм. К такому убеждению мы приходим потому, что гипотеза Н.С.Кардашева, идеалистическая в сущности, окутана в материалистическую скорлупу и страдает поэтому рядом существенных недостатков. Перечислим некоторые из них.

Физический парадокс заключается в том, что биологическое тело человека не может функционировать в черной космической дыре. И.С.Шкловский в своей работе [90] на стр. 311 восхищается гипотезой Н.С.Кардашева, согласно которой белые и черные дыры могут быть использованы человеком для того, чтобы совершить путешествие из одной вселенной в другую. Однако в той же книге на стр. 92 он категорически заявляет, что в черных дырах в условиях сверхъядерной плотности "никакая жизнь невозможна". Следовательно, физическое тело человека не может войти в черную дыру без биологической катастрофы.

Здесь я должен добавить, что человеческая жизнь в биологическом смысле слова невозможна также и в белых космических дырах, температура которых превышает 10 млрд ^{0}К. Поэтому гипотеза Н.С.Кардашева не может быть действительной до тех пор, пока она остается в материалистической скорлупе. Человек не может существовать в белых и черных дырах в форме трехмерного физического тела или даже в виде энергетических волн, но он может функционировать в них своими другими (нематериальными!) измерениями. Следовательно, если гипотезу Н.С.Кардашева освободить от атеистических оков, то путешествие в иные миры оказывается все же возможным и реальным.

В самом деле, если космический корабль пересечет границу черной космической дыры со скоростью света, то согласно специальной теории относительности, его размеры сократятся до нуля. Это означает, что внутри черной дыры путешественник и его космический корабль уже не будут существовать в форме вещественнных тел. При такой скорости космический корабль неизбежно должен превратиться в энергию фотонов, а путешественник - в биологические волны. Мы знаем, что от физического тела, коллапсирующего в черной дыре, в конечном счете ничего физического не остается. В ней полностью исчезает все материальное, даже энергия или волны, содержащие энергию. Поэтому если путешественник пересечет границу черной космической дыры, то его физическое тело сначала сожмется до чрезвычайно большой плотности, а затем исчезнет, ни во что материальное не превратившись.

Это значит, что из черной дыры в иной мир могут уйти только лишь идеальная сущность путешественника и идеальная информация о его космическом корабле, но не его биологическое или физическое тело. Если человек есть единство противоположных компонентов — биологического тела и идеального содержания, — то быстрое путешествие по иным мирам через черные и белые дыры может совершить не физическое тело человека, а его идеальная сущность.

Парадокс времени в гипотезе Н.С.Кардашева заключается в том, что путешественник перелетает из одной вселенной в другую или из одного мира в другой мир за конечный и очень короткий промежуток времени (например, за несколько секунд или минут), в то время как для постороннего наблюдателя, живущего, например, на Земле, протекает чрезвычайно большое время, исчисляемое миллиардами земных лет. Если промежуток времени между моментами, когда путешественник "нырнул" в черную дыру одного мира и "вынырнул" из белой дыры другого мира, измерялся бы секундами для самого путешественника, то он исчислялся бы миллиардами лет для земного наблюдателя.

Этот парадокс не может быть разрешен до тех пор, пока гипотеза Н.С.Кардашева остается в материалистической скорлупе. Если же эту гипотезу освободить от атеистических оков, то никакого парадокса времени не будет, ибо законы Материального Мира (в том числе и теория относительности) не являются обязательными для Идеального Мира. Мы знаем, что любая идеальная категория (а следовательно, и любой идеальный компонент человека) может перемещаться со сколь угодно большой скоростью, даже бесконечной. Поэтому человек, как идеальная категория, освобожденная от бремени физического тела, может совершать путешествие между множеством различных миров (материальных и идеальных) почти мгновенно не только "по часам" самого путешественника, но и по часам земного наблюдателя.

Парадокс скорости заключается в том, что скорость любого вещественного тела всегда остается меньше скорости света, в то время как от Земли до ближайшей черной космической дыры даже со световой скоростью пришлось бы лететь десятки или даже сотни лет. Человек, как вещественная категория, не может лететь со скоростью света. Поэтому парадокс скорости также не может быть разрешен до тех пор, пока гипотеза Н.С.Кардашева остается в атеистической скорлупе. Если же эту гипотезу освободить от материалистических оков, то никакого парадокса скорости не будет, ибо человек, как идеальная категория, освобожденная от бремени физического тела, может перемещаться со сколь угодно большой скоростью, даже бесконечной. Чтобы уйти в иной мир, человек должен утратить не только массу покоя, но и энергию, после чего от него ничего материального не остается.

5. Биологические дырки.

Согласно вариационному принципу Гамильтона и Остроградского, Материальный Мир, сотворенный Богом, является весьма экономным. Поэтому у человека нет никакой необходимости лететь к далекой черной космической дыре для того, чтобы осуществить путешествие в иные миры. Дело заключается в том, что у каждого человека, как и у каждой биологической системы, есть своя собственная "дырка", которую, в отличие от космической дыры, мы называем **биологической**. Мы говорили уже о том, что критический радиус человека весом 80 кг равен примерно $1{,}4 \cdot 10^{-23}$ см. Это в 10 млрд раз меньше радиуса атомного ядра.

Чем больше погрешности накапливает биологическое тело, тем "плотнее сжимается" идеальное содержание человека. Если количество накопленной погрешности становится чрезвычайно большим, то все идеальное содержание человека оказывается внутри его критического радиуса. Тут количество переходит в качество, вследствие чего открывается **черная биологическая дырка**, через которую человек, как идеальная категория, уходит в иной мир. После этого живое биологическое тело превращается в безжизненный труп. Затем идеальное содержание человека через черный "тоннель" выйдет в какую-либо белую дыру. Если эта белая дырка принадлежит нашей или другой физической вселенной, то человек, вынырнув из нее, вновь приобретает материальное тело. Если же эта белая дырка принадлежит Идеальному Миру, то человек приобщается к своей собственной идеальной душе.

Согласно Н.С.Кардашеву, такого рода путешественник из черной дырки видит все будущее покинутой им вселенной или покинутого им мира, а из белой дырки — всю прошлую историю той вселенной, куда он прибыл. Однако, живя в одной вселенной, он не может видеть другую вселенную. Живя в одном мире, он не может видеть иного мира. Внешний наблюдатель может видеть рождение ребенка из белой биологической дырки, но он ни в коем случае не может видеть то, как человек уходит в иной мир через черную биологическую дырку, ибо из черной дыры никакая информация к нам не поступает.

Если женская яйцеклетка оплодотворяется мужским сперматозоидом, то в оплодотворенном зародыше открывается **белая биологическая дырка**, через которую из иного мира приходит идеальное содержание того индивидуума, чья программа достаточно близко совпадает с содержанием генетического кода. Так человек, как единство материальных и идеальных противоположностей, "вылупляется" из белой биологической дырки. После этого биологический организм развивается до тех пор, пока программа развития не будет уравновешена накопленной погрешностью. По мере дальнейшего роста накопленной погрешности биологическое тело стареет. Если накопленная погрешность становится чрезвычайно большой, то человек, как идеальная категория, покидает свое неполноценное тело и через черную биологическую дырку уходит в иной мир для того, чтобы вновь поселиться в свежее новорожденное тело ребенка.

Так повторяется много раз: биологические тела рождаются и умирают, а идеальная сущность индивидуума сохраняется и совершенствуется. В связи с этим возникает вполне уместный вопрос: может ли человек вернуться в свое собственное тело обратно? Ныне человек не может этого сделать, потому что он не умеет еще управлять процессами развития своего физического тела. Однако если человек станет совершенным интеллектуалом, то он научится контролировать процессы старения и управлять развитием своего собственного организма. Тогда он сможет не только покидать, но и возвращаться к своему здоровому организму после "короткого" путешествия по некоторому множеству других вселенных. Согласно индийскому религиозно-философскому учению раджа-йога, в определенных условиях духовный или идеальный центр человеческой личности может отделиться от своего биологического тела и смотреть на него со стороны [77].

6. Информационные микродырочки.

Следует заметить также и то, что в общении с потусторонним миром нуждается не только живое существо, но и неживое вещество. Поэтому все материальные элементы и системы имеют свои собственные белые и черные дырки, через которые осуществляется сигнально-информационная связь между Материальным и Идеальным Мирами. Таким образом, Вселенная является замкнутой и изолированной для материи ([90], стр.100), но незамкнутой и неизолированной для объективной идеи. Под **замкнутой** обычно подразумевают систему, в которую невозможно войти и из которой невозможно выбраться куда бы и сколько бы та или иная субстанция ни двигалась. **Консервативными (изолированными, замкнутыми)** мы называем такие системы, которые не могут общаться друг с другом.

Если бы физическое пространство было изолированным и замкнутым для идеи, то объективная идея из иного мира не могла бы проникнуть во Вселенную, а мы с вами не могли бы мыслить и сознавать. В этом аспекте гипотеза Н.С.Кардашева о незамкнутой и неизолированной Вселенной верна ([90]стр.310).

Если бы Вселенная была неизолированной и незамкнутой для материи, то существование весомого и зримого вещества оказалось бы возможным не только в физическом пространстве, но и в идеальном пространстве, не только в трех известных нам физических измерениях Вселенной, но и во всех других неизвестных нам измерениях Идеального Мира. Тогда Идеальный Мир перестал бы быть идеальным и стал материальным. Если бы Идеальный Мир оказался материальным, то Материальному Миру пришлось бы существовать без своей нематериальной противоположности, что практически невозможно, ибо это противоречило бы основному свойству материи. Только лишь объективная идея или идеальный дух (а не материя!) может путешествовать из одного мира в другой мир, из одной вселенной в другую вселенную.

Естественными науками установлено, что кроме "массивных" космических дыр существуют еще и малые "дырочки". Согласно данным академика М.А.Маркова, масса черных "микродырочек" может быть очень малой (порядка 10^{-5} г). Однако согласно данным английских ученых Дж.Гиббонса и С.Хоукинга, она может быть еще меньше — (порядка 10^{-17} г), см. ([52]стр.188).

7. Сигнально-информационная связь.

Если в весомых элементарных частицах имеются миниатюрные микродырочки, то в невесомых квантах физической энергии должны существовать качественно иные энергетические дырочки. Через белую энергетическую дырочку в мир антифотона из Мира Объективных Идей поступает идеальная информация, которая снижает свою скорость от бесконечно большой величины до критической. Микроцивилизация, проживающая в нулевом объеме антифотона, перерабатывает эту идеальную информацию в энергетические сигналы и коды и передает их через черную энергетическую дырочку в мир положительных энергий, откуда фотоны передают их в наш вещественный мир, где скорость распространения сигналов становится ниже критической.

И наоборот: через черную энергетическую дырочку из нашего вещественного мира в мир фотона поступают сигналы и коды, скорость движения которых возрастает до критической величины.

Фотоны передают их антифотонам. В недрах антифотона микроцивилизация перерабатывает эти коды и сигналы в идеальную информацию, которая увеличивает скорость своего движения от критической до бесконечно большой величины и уходит в Мир Объективных Идей.

Если количество гигантских космических дыр является сравнительно малым, то количество мелких белых и черных "дырочек" является достаточно большим. Чем меньше размеры дырочек, тем больше их количество. Они соединяют напрямую почти любую точку нашей Вселенной с потусторонним миром и представляют собой четвертое и пятое измерения пространственной непрерывности, дополняющие три известные физические измерения: длину, ширину и высоту.

Согласно научной теории миров и дыр, объективная идея не нуждается в том, чтобы пересекать границу. Она из любой точки вселенной, представляющей черную дырочку, передается прямо в иной мир со сколь угодно большой скоростью по незримому каналу, не пересекая вовсе физического пространства. Объективная идея или идеальная информация из иного мира в любую точку нашей Вселенной (представляющей белую дырочку) поступает также по прямому незримому каналу со сколь угодно большой скоростью без всякого пересечения физического пространства.

8. Теория миров и дыр

Несмотря на все недостатки, значение гипотезы Н.С.Кардашева трудно переоценить. Его заслуги в деле научного познания объективной истины огромны и выражаются прежде всего в следующем:

1. Он впервые с официальной атеистической трибуны во всеуслышание признал существование иных миров, кроме нашей Вселенной. Ценность гипотезы Н.С.Кардашева заключается в том, что она выходит за рамки нашей Вселенной, хотя по долгу службы советский ученый и был обязан называть все остальные миры "вселенными". Нет сомнения в том, что среди множества иных миров имеется и Идеальный Мир, который качественно отличается от привычного нам Материального Мира и является его нематериальной противоположностью.

Возможно существование и каких-то других, совершенно иных миров, сущность которых мы не можем себе даже представить. Не исключена возможность существования и таких миров, которые в далеком прошлом были материальными, но которые в процессе своей эволюции достигли такого идеального совершенства, что не накапливают теперь никакой погрешности. Такого рода миры, существование которых весьма вероятно, но еще достоверно не доказано, мы называем **гипотетическими**.

2. Н.С.Кардашев впервые с официальной атеистической трибуны во всеуслышание признал белые и черные космические дыры в качестве измерений, дополняющих три измерения физического пространства: длину, ширину и высоту.

3. Он впервые научно доказал возможность ухода и прихода человека из одного мира в другой. Он показал, что проникновение в глубь черной дыры дает возможность неограниченных путешествий в многомерном пространственно-временном континууме.

4. Он впервые научно доказал возможность

предсказания будущего и нанес тем самым непоправимый урон тем атеистам, которые критикуют пророков.

Если гипотезу Н.С.Кардашева освободить от атеистической скорлупы, то она превращается в стройную научную теорию, которая подтверждается повседневной практикой. Мы будем называть ее **теорией миров и дыр.** Изложим здесь вкратце суть этой теории, лишенной перечисленных выше парадоксов:

Относительный Мир состоит из Идеального, Материального и Гипотетического Миров. Материальный Мир состоит из некоторого конечного множества физических вселенных, таких, как наша. Вселенные могут отличаться друг от друга качественно, у них могут быть различные законы физики и другие пространственно-временные соотношения. Среди вселенных могут быть такие, которые в процессе развития уже перестали быть материальными, но еще не стали идеальными. Сигнально-информационная связь между мирами и вселенными осуществляется через черные и белые дыры, связанные своеобразными нематериальными "каналами", по которым объективная идея может двигаться со сколь угодно большой скоростью. Таким образом, Физическая Вселенная является замкнутой и изолированной для материи, но незамкнутой и неизолированной для объективной идеи и идеальной информации.

Человек приходит из иного мира в этот мир через белую биологическую дырку и уходит из него через черную биологическую дырку. Если человеческий интеллект станет совершенным, то перед ним откроются поистине фантастические возможности для быстрого познания иных миров, по которым он сможет путешествовать, оставаясь в рамках одного и того же биологического тела, которое он будет покидать только лишь на короткое время путешествия по иным мирам. Покидая свое физическое тело и уходя в черную биологическую дырку, интеллект человека за короткое время "увидит" все будущее своей Вселенной. Вынырнув из белой биологической дырки в ином мире, за короткое время он "увидит" всю прошлую историю этого иного мира, а нырнув в черную биологическую дырку, он "увидит" все его будущее. Вылупляясь из белой биологической дырки и возвращаясь к своему физическому телу, интеллект человека за короткое время "увидит" всю прошлую историю своей Вселенной.

Что может атеизм противопоставить этой теории миров и дыр, кроме своих собственных желаний и иллюзий? В противовес научным доказательствам он может выставлять только лишь свои никем не доказанные исходные предположения о том, что якобы все миры являются материальными. Но тогда возникает вполне естественный вопрос: а где же научные доказательства атеизма? Ответ прост: никаких научных доказательств у научного атеизма нет и быть не может! У него есть только лишь угодные ему самому **исходные предположения**, в которые сотни миллионов простых людей должны **слепо верить**, хотя поверить в них нет никакой логической возможности.

В самом деле, согласно основному свойству материи, ни одна материальная система не может существовать без своей противоположности. Материальный Мир в целом является тоже материальной системой. Следовательно, Материальный Мир не смог бы существовать без своей нематериальной противоположности. Так как существование Материального Мира является неоспоримым фактом, то существование Идеального Мира, как его нематериальной противоположности, является также бесспорным.

"Конечное" не может существовать без "бесконечного". Материальный Мир, как конечная сумма конечных вселенных, не является бесконечным или вечным. Поэтому если конечный Материальный Мир существует объективно, то также объективно должна существовать и его бесконечная и вечная противоположность — Идеальный Мир. Несостоятельность атеизма заключается именно в том, что он считает Материальный Мир единственным в то время, когда он же провозглашает бесконечное многообразие миров.

В связи с этим перед одним из ученых атеистов я ребром поставил следующий вопрос: "Почему все иные миры вы считаете материальными? Какие у вас есть научные основания считать, что среди множества иных миров, отличающихся друг от друга не только пространственно-временными соотношениями, но и законами существования или развития, нет ни одного Идеального Мира? Атеист не ожидал от меня столь необычного вопроса и поэтому сначала замешкался, а затем собрался с мыслями и выпалил мне прямо в лицо:

"Мы считаем все иные миры такими же материальными, как и этот мир, потому что материей мы называем всякую объективную реальность, какою бы она ни была. Если иной мир существует реально и объективно, то это значит, что он материален. Если Идеальный Бог существует реально и объективно, то он есть тоже материя именно потому, что он существует реально и объективно, несмотря на то, что он не обладает никаким объемом, никаким весом, никакой энергией и т.д. Если мир объективных идей существует реально вне субъективного сознания, то мы его также называем материальным только лишь в силу того, что он существует реально и объективно. Идея не может быть первичной в отношении материи потому, что всякую идею, существующую реально и объективно вне субъективного сознания, мы называем материей."

Признаться, я также не ожидал от такого махрового атеиста столь откровенного и предельно ясного ответа и выразил ему мою глубокую благодарность. Значит, ученые-атеисты уже начинают понимать, что Бог есть. Но в то время, когда они внутренне думают о Боге, вслух они называют его материей. Когда они внутренне думают об ином Идеальном Мире, вслух они называют его Материальным Миром. Тут я постиг до конца все прелести крылатого афоризма о том, что некоторым людям язык дан для того, чтобы скрывать свои подлинные мысли. Мы представляем самому читателю ответить на вопрос: какая сила заставляет ученых-атеистов называть Идеального Бога материей?

Признавая факт существования иных миров и оставаясь в рамках диалектики, атеизм не может утверждать, что все миры имеют одинаковое качество. Поэтому современный атеизм уже вынужден фактически признать существование Идеального

Мира, хотя формально он все еще продолжает называть его Материальным Миром. В отличие от атеизма мы должны четко различать физические вселенные — такие, как наша, — от "вселенных" идеального типа (от отдельных идеальных миров), в которых нет ничего материального.

35
ЭВОЛЮЦИЯ НАШЕЙ ВСЕЛЕННОЙ
([23], 270-285)

> Теперь можно считать полностью
> доказанным основное положение,
> что Вселенная эволюционирует, и
> притом сильнейшим образом.
>
> Иосиф Шкловский

1. Теория эволюции и Библия.

Тоталитарный атеизм целенаправленно вну-
шал миллионам простых и доверчивых людей
заведомо неверную мысль о том, что не только
научная теория эволюционного развития, но даже
само слово "эволюция" якобы отрицает Библию. Но
тогда возникает вполне уместный вопрос: так ли
это на самом деле?

В древнееврейском языке действительно не
было слово "эволюция". Но это вовсе не означает,
что слово "эволюция" само по себе якобы противоречит Библии. Не только древние, но далеко и
не все современные люди знают точное значение
этого научного термина. Согласно научному
определению, любое нереволюционное поэтапное
развитие, в котором каждый последующий этап
качественно отличается от предыдущего, и называется **эволюцией**. А это как раз и есть то, о чем
повествуется в Библии: мир создавался в шесть этапов (в шесть "библейских дней"), каждый последующий этап сотворения мира отличался от
каждого предыдущего этапа **качественно**.

Не только научное, но даже атеистическое определение термина "эволюция" никак не противоречит Библии. Согласно определению тоталитарного атеизма, "**эволюционным** называется такое изменение, при котором происходит постепенное количественное изменение существующего" ([64],стр.193). "Количественные изменения, постепенно накапливаясь, на какой-то ступени нарушают меру предмета и вызывают коренные, качественные изменения" ([64], стр.190). А это есть как раз то, о чем повествуется в Библии — превращение небытия Вселенной в ее бытие сопровождалось равномерными (постепенными) количественными изменениями, переходящими в качественные изменения поэтапно шесть раз.

Но тогда возникает вполне уместный вопрос: если термин "эволюция" не отрицает Библию априори, сам по себе, то не противоречит ли научная теория эволюционной Вселенной библейской модели сотворения мира Богом?

В настоящее время существуют две противоположные научные теории, которые дают ответ на этот вопрос: теория эволюционной Вселенной и теория стационарной Вселенной.

2. Теория стационарной Вселенной ([39],стр.183)

В 1948 году английский астрофизик Фред Хойл и двое других ученых выдвинули "теорию стационарной Вселенной", согласно которой Вселенная якобы никогда не меняет своего качества: через десятки и сотни миллиардов лет она выглядит такою же, какою она выглядела сотни миллиардов лет тому назад.

Это значит, что чистая энергия, плазма, жидкости, твердые тела и живые организмы —

существовали, существуют и будут существовать во Вселенной якобы вечно. Отдельные звезды и галактики рождаются и умирают, но мир звезд и галактик в целом остается неизменным навеки.

Согласно теории стационарной Вселенной, расширение Вселенной происходит потому, что в ней непрерывно рождается энергия из ничего. Этот факт служит одним из позитивных элементов теории стационарной Вселенной, которая в целом является негативной и неправильной. В конечном счете расширения и сжатия Вселенной зависят от соотношения между энергетической активностью белых и черных космических дырок. Если белые космические дыры производят энергии больше, чем ее "съедают" черные дыры, то Вселенная расширяется. Если же черные космические дыры "съедают" энергии больше, чем ее производят белые дыры, то Вселенная сжимается.

Из теории стационарной Вселенной неизбежно следует вывод о том, что Вселенная якобы является вечной и бесконечной. Поэтому эта теория полностью устраивала атеистов до тех пор, пока им не пришлось публично признать факт расширения Вселенной. В рамках теории стационарной Вселенной, факт ее расширения можно объяснить только лишь непрерывным рождением энергии из ничего. Признавая рождение энергии из ничего, атеизму пришлось бы признать и сотворимость материи, а там до признания Бога остается всего лишь один шаг. По этой причине с 1970 года атеизму пришлось признать теорию эволюционной Вселенной и отказаться от теории стационарной Вселенной ([91],стр.353) . Но тогда возникает вполне уместный вопрос: может ли теория эволюционной Вселенной спасти "научный" атеизм от неизбежного научного краха?

3. Теория эволюционной Вселенной.

Согласно теории эволюционной Вселенной, для расширения Вселенной прежде всего необходимо, чтобы ее средняя плотность была меньше критической плотности (или, чтобы ее действительный радиус был больше критического радиуса). При этом атеизм утверждает, что это положение якобы является не только необходимым, но и достаточным условием расширения Вселенной. Однако в объективной действительности дело обстоит далеко не так. Даже в первом приближении вопросы расширения и сжатия Вселенной решаются комплексом условий, которые мы рассмотрели ранее.

Если бы Вселенная не была эволюционной, а была вечной и бесконечной, то она не имела бы ни начала ни конца и, следовательно, не была бы продуктом какой-либо творческой деятельности. А это есть как раз то, без чего атеизм существовать не может. Поэтому **чисто атеистической является именно теория стационарной, а не эволюционной Вселенной.**

Однако, данные естественных наук, полученные за последние десятилетия, полностью опровергли теорию стационарной Вселенной. Прежде всего, было установлено, что Вселенная начала расширяться от нулевой точки до нынешних размеров. Далее было установлено, что необходимым условием расширения Вселенной является образование энергии из ничего — в процессе расширения Вселенной материя рождается из ничего шаг за шагом. Пространственное расширение пределов Вселенной неизбежно должно сопровождаться непрерывным увеличением количества материи в ней.

Согласно диалектическому закону перехода количественных изменений в качественные, непрерывный рост количества материи во Вселенной периодически должен сопровождаться ее качественными изменениями. Поэтому Вселенная росла не только количественно, но и изменялась качественно. Всякое постепенное изменение количества, которое поэтапно сопровождается улучшением качества, и принято называть **эволюционным развитием**.

Согласно эволюционной теории и в полном соответствии с диалектическим законом перехода количественных изменений в качественные. Вселенная на протяжении всей своей прошлой истории изменялась качественно шесть раз в следующей последовательности ([23], стр. 265-285):

Первый этап – энергетическая эволюция.

Наша Вселенная родилась и стала расширяться примерно 12-14 млрд. земных лет тому назад из нулевой точки в виде нулевой суммы положительной и отрицательной энергии. В то время не было ни водородной плазмы, ни газов, ни жидкостей, ни твердых тел, ни галактик, ни звезд, ни Солнца, ни Земли, ни живых организмов и никакого весомого вещества вообще, а была только лишь чистая и невесомая энергия, которая содержала в себе целесообразную программу всей своей **дальнейшей эволюции**. Согласно этой идеальной программе, положительная энергия должна была уплотняться и снижать свою скорость.

Второй этап — водородная эволюция.

В первобытной энергии была закодирована целесообразная программа, согласно которой второй этап эволюционного развития Вселенной сопровождался превращением чистой и невесомой энергии в весомые облака водородной плазмы.

Такого рода огненная **плазма** состояла из первичных электронов и протонов, которые вследствие чрезвычайно высокой температуры не успели еще превратиться в простейшие атомы водорода.

Третий этап — планетная эволюция.

В раскаленных облаках водородной плазмы была закодирована целесообразная программа, согласно которой от нее отрывались небольшие "куски". Эти "куски" вследствие своей относительной малости остывали раньше основной массы, образуя планеты. Одной из таких планет стала наша Земля.

Четвертый этап — звездная эволюция.

В раскаленных облаках водородной плазмы была закодирована целесообразная программа, согласно которой они превращались в звезды. Одной из таких звезд является наше Солнце.

Пятый этап — биологическая эволюция.

В недрах Земли и Солнца была закодирована целесообразная программа, согласно которой пятый этап эволюционного развития Вселенной сопровождался образованием биологической клетки и появлением живого существа.

Шестой этап — интеллектуальная эволюция.

В глобальной системе живых существ была закодирована целесообразная программа, согласно которой шестой этап эволюционного развития Вселенной сопровождался появлением в ней человеческого интеллекта.

4. Степень совершенства творца и продукта творчества.

Эволюционное развитие Вселенной вовсе не означает, что весомая и зримая материя является якобы более совершенной, чем невесомая и незримая идея. Например, если на определенном этапе технического развития интеллект инженера создал компьютер, то это вовсе не означает, что компьютер является категорией якобы более высокого качества, чем интеллект инженера. Напротив, интеллект инженера здесь выступает в роли первичного (более совершенного по качеству!) творца, а компьютер — в роли вторичного (менее совершенного!) продукта его творческой деятельности. Совершенство человеческого интеллекта (невесомого и незримого!) есть предел, к которому в процессе технического развития всегда будет стремиться весомая и зримая кибернетическая система, но которого она никогда не достигнет.

Совершенно аналогично, если в процессе эволюционного развития Вселенной объективная идея воплощается в материю, то это вовсе не означает, что материя является категорией якобы более высокого качества, чем объективная идея. Напротив, объективная идея здесь выступает в роли первичной (более совершенной!), а материя — в роли вторичной (менее совершенной!) категории. Совершенство объективной идеи (невесомой и незримой!) выступает как недосягаемый предел, к которому в процессе эволюционного развития стремится неразумная материя, но которого она никогда не достигнет.

5. Эволюция Вселенной и сотворимость материи.

Подтверждается ли атеистический принцип "несотворимости материи" современными научными теориями развития Вселенной?

Из теории стационарной Вселенной недвусмысленно следует научный вывод о том, что в процессе расширения Вселенной материя рождается из ничего шаг за шагом. В то же время существует ошибочное мнение о том, что эволюционное расширение Вселенной может якобы обойтись без сотворения энергии ([90], стр. 93). Так ли это на самом деле?

Если бы материя была несотворимой и неуничтожимой, то Материальный Мир был бы вечным. Если бы Материальный Мир был вечным, а материя была бы несотворимой и неуничтожимой, то в рамках научной теории эволюционного развития все мировые запасы водородной плазмы давным-давно превратились бы в гелий и звезды перестали бы светить ([90], стр.92). Однако, факт налицо: в небе светит несметное множество звезд. Следовательно, материя сотворима, а Материальный Мир не является вечным.

Атеистическая сказка о "несотворимости материи" запрещает энергии изменяться в количестве. Она требует, чтобы количество каждого типа энергии (положительной или отрицательной) навечно оставалось в мире постоянным. Согласно диалектическому закону перехода количества в качество, постоянство количества неизбежно повлекло бы за собой постоянство качества. Это значит, что ошибочный принцип о "несотворимости" материи лишает энергию права не только количественного, но и качественного развития. При таких уеловиях энергия в мире никогда бы не появилась. А если бы она и обладала каким-либо волшебным свойством "вечного существования", то она существовала бы в виде некоего мертвого энергетического моря, неспособного к каким-либо диалектическим или качественным изменениям и превращениям.

Однако, на самом деле теория эволюционной Вселенной убеждает нас в том, что она изменяется качественно: сначала Вселенная состояла из чистой и невесомой энергии, затем энергия превратилась в водородную плазму, из которой образовались звезды и галактики, далее из неживого вещества образовалось живое существо, а ныне идет не-обратимый процесс превращения водорода в гелий. Если бы в расширяющейся Вселенной количество материи не возрастало, то согласно диалектическому закону перехода количественных изменений в качественные изменения, материя не могла бы изменяться качественно. Если бы материя не изменялась качественно, то невесомая первобытная энергия никогда не смогла бы превратиться в весо-мое вещество, а неживое вещество никогда не смог-ло бы превратиться в живое существо. Если бы это было так, то Вселенная оказалась бы неэво-люционной. **Нет эволюции без изменения качества, как нет изменения качества без изменения количества.**

Следовательно, если бы расширение Вселенной от первобытной точки до нынешних размеров было неэволюционным, то наше с вами существование ныне оказалось бы невозможным. Однако, мы знаем, что мы существуем и что наше физическое тело состоит из весомого вещества. Это значит, что Вселенная расширяется эволюционно и что первобытная положительная энергия на какой-то стадии своего количественного развития изменила свое качество и частично превратилась в вещество. Следовательно, **энергия и вещество сотворимы и уничтожимы.**

Если бы материя была несотворимой и ее количество в мире не изменялось, то не изменилось бы и ее качество. Однако, факт качественного изменения налицо. Следовательно, количество материи в мире непрерывно изменяется, то есть материя сотворима и уничтожима. Поэтому даже с точки зрения эволюционной теории, необходимым условием расширения Вселенной является непрерывное сотворение энергии из ничего.

Если факт эволюционного расширения Вселенной установлен достоверно (а это именно так!), то **сотворимость энергии и материи можно считать научно доказанной.**

Ошибочный принцип о "несотворимости" материи полностью отвергается не только научными законами сотворимости, но и законами сохранения материи Кроме того, он несовместим не только с научной теорией эволюции Вселенной, но и с диалектическим законом перехода количественных изменений в качественные изменения. Поэтому, если мы признаем законы диалектики или научную теорию эволюционной Вселенной, то мы в той же мере обязаны признать и закон сотворимости материи из ничего.

6. Является ли эволюция самопроизвольным или случайным саморазвитием?

Естественными науками достоверно установлено, что эволюционное развитие Вселенной протекало без всякого произвола, без всяких случайностей, однозначно, целесообразно, целенаправленно, в полном соответствии со всеми законами природы. Общий свод всех этих идеальных законов физической природы представляет собой единую программу рождения, расширения и эволюционного развития Вселенной. Согласно этим законам, согласно этой программе — эволюционное развитие Вселенной должно было протекать целесообразно и однозначно именно таким, и только лишь таким образом, и никак иначе.

Поэтому эволюция вовсе не является случайным или самопроизвольным развитием. Напротив, эволюция прежде всего есть целесообразное и запрограммированное развитие количества и качества, протекающее поэтапно по определенным законам. Запрограммированное развитие невозможно без целесообразной программы. Неписаный свод смыслового содержания всех законов природы и есть всеобщая идеальная программа материального развития.

Вселенная не могла содержать в себе самой программу своего собственного рождения, ибо программа рождения есть причина, рождение Вселенной есть следствие, а причина всегда должна предшествовать следствию. Это значит, что не Вселенная породила программу и законы эволюционного развития материи (как это хотят изобразить атеисты!), а идеальная (нематериальная, потусторонняя!) программа и законы развития породили материю и Материальный Мир.

Программа рождения Вселенной не могла быть заложена в самой Вселенной, ибо ее не было тогда, когда она еще не родилась. Поэтому общий свод всех законов природы, представляющий собой единую программу рождения, расширения и эволюционного развития физической Вселенной, является идеальной (а не материальной!) категорией. Эта идеальная программа материального развития Вселенной была заложена в той первобытной идеальной точке с нулевыми физическими размерами, в которой родилась и от которой стала расширяться Вселенная 12-14 млрд. лет назад.

Много миллиардов лет тому назад, в тот исключительный миг, когда Вселенная уже была обязана родиться, но еще не родилась, "Вселенная" представляла собой идеальную точку, которая не содержала в себе ни весомого вещества, ни физической энергии. Объем, масса и все ее материальные атрибуты были равны идеальному нулю. В этой идеальной точке были заложены все законы будущей природы, совокупность которых и представляла собой гениальную программу рождения и колоссального эволюционного развития Вселенной. Это значит, что смысловое содержание законов природы и идеальной программы существовали и существуют до и вне физической Вселенной.

Идеальная программа рождения физической Вселенной от материи независима и не может содержать в себе ничего материального, потому что до рождения Материального Мира не было и еще не могло быть никакой материи. Поэтому было бы нелогично думать, что идеальная программа рождения физической Вселенной была заложена якобы в самой Вселенной.

Кроме того, идеальная программа материального развития не могла возникнуть также самопроизвольно, сама собой, без программиста. Законы не бывают без законодателя, а целесообразная программа не бывает без интеллектуального программиста, без Творца ([23], стр. 227, 267, 277, 368). Думать, что чисто случайно, самопроизвольно, сама собой могла возникнуть чрезвычайно сложная и целесообразная программа рождения и развития Материального Мира — это значит слепо верить в антинаучные небылицы и опуститься до атеистического суеверия.

Следовательно, идеальная программа рождения и поэтапного развития Материального Мира была разработана идеальным и абсолютно совершенным интеллектуалом, не обладающим никакими материальными атрибутами. Интеллектуального творца всех законов природы и идеальной программы материального развития Вселенной мы называем **Абсолютным Богом**.

Сказать, что Вселенная родилась якобы по своей собственной программе или в результате действия законов природы без всякого программиста, без всякого законодателя, без всякого Творца, — это равносильно утверждению, что человек рождается якобы по своему собственному желанию и в результате своих собственных действий без всякого отца, без всякой матери, без всяких родителей...

Опираясь на современные данные естественных и философских наук, мы можем вкратце сформулировать **научную теорию эволюционного развития Вселенной** следующим образом:

326

1. Расширение Вселенной сопровождалось пропорциональным ростом количества положительной массы в ней. Согласно диалектическому закону перехода количественных изменений в качественные изменения, постепенное увеличение количества материи во всей Вселенной периодически сопровождалось ее коренными, качественными изменениями в шесть эволюционных этапов.

В результате каждого этапа возникала качественно новая форма физического бытия: 1) чистая энергия, 2) водородная плазма, 3) планеты, 4) звезды, 5) живая клетка, 6) человек. Этим шести формам бытия соответствуют шесть этапов эволюционного развития Вселенной, шесть "библейских дней" сотворения мира. Каждый последующий этап эволюционного развития Вселенной отличался от каждого предыдущего этапа качественно, коренным образом.

2. В первобытной нулевой точке (в первой белой космической дыре) были заложены все идеальные законы будущей природы, общий свод которых представляет собой единую программу рождения, расширения и эволюционного развития Вселенной. Однако, законы не бывают без законодателя, а программа не бывает без программиста. Интеллектуального Творца всех законов природы и идеальной программы материального развития Вселенной мы называем Абсолютным Богом.

Абсолютно совершенный интеллект Бога создал идеальные законы физической природы и всеобщую программу эволюционного развития материи уже тогда, когда нашей Вселенной еще не было совсем.

3. Вселенная родилась не случайно, не сама

собой, а была сотворена Абсолютным Богом по заранее намеченной программе. Она была сотворена не сразу и не мгновенно, а постепенно, за шесть эволюционных этапов, каждый из которых отличался от другого качественно.

Бог творил и развивал материю не волшебной палочкой и не материальными руками, ибо идеальный Бог не содержит в себе самом ничего материального. Он творил и совершенствовал материю и Материальный Мир исключительно при помощи своего абсолютно совершенного идеального Интеллекта, которому подчиняется любой вид материи через посредство сигнально-информационной связи. Эволюционное развитие происходило не случайно, не само собой, а по программам и законам, которые созданы Богом и которые подчинены ему одному.

4. Теория эволюционного развития Вселенной вовсе не отрицает Библию, а, напротив, подтверждает ее, делает более убедительной и неуязвимой. Против Библии выступает не объективная наука об эволюционном развитии Вселенной, происходящем по законам и по программе Бога. Против Библии выступает антинаучная атеистическая интерпретация эволюционной теории о том, что эволюция Вселенной якобы происходит самопроизвольно, сама собой, без всякой программы, без всякой идеи, без участия Бога и т.д.

Что может атеизм противопоставить научной теории эволюционного развития Вселенной, кроме своих собственных желаний и иллюзий? В противовес научным доказательствам он может выставлять только лишь свои никем не доказанные исходные предположения о том, что Вселенная родилась, развивается и эволюционирует якобы случайно или сама по себе. Но тогда возникает вполне уместный вопрос: а где же научные доказательства атеизма?

Ответ прост: никаких научных доказательств у "научного" атеизма нет! У него есть только лишь угодные ему самому **исходные предположения**, в которые сотни миллионов простых людей **должны слепо верить**, хотя поверить в них нет никакой логической возможности. На самом же деле атеистические басни о самосотворении, самодвижении и самопроизвольном эволюционном развитии являются куда более антинаучными и фантастическими, чем любая обычная сказка. Над сказочными самоходными ступами, ведрами, коврами, стульями и столами дружно и звонко хохочут даже малые дети, в то время как сотням миллионов взрослых людей приходится слепо верить в атеистическую небылицу не только о самоходной материи, но и о ее самопроизвольном эволюционном развитии, которое происходит якобы без чьей бы то ни было воли вообще.

Даже в сказках самодвижение ступы происходит по воле волшебника. Но ни в одной нормальной сказке вы не услышите, чтобы какая-нибудь неживая ступа сотворила сама себя, сама собой развивалась и сама собой превратилась бы в живого орла без всякой волшебной силы.

Однако атеизм позволяет себе рассказывать людям такие небылицы, согласно которым неживая материя сама творит себя из ничего, сама собой целесообразно развивается и сама собой превращается в живые организмы. И все это без всякого волшебника, без всякого творца, без всякой воли и без всякого интеллекта.

Если бы атеисты были правы, то часы шли бы сами собой, без всякой пружины, детали возникли бы сами собой из ничего, эти детали сами собой объединились бы в целесообразную конструкцию телевизора прямо за нашим столом, дома строились бы сами собой без всяких строителей и т.д. Однако мы знаем, что такого атеистического чуда не бывает нигде и никогда. Поэтому мы все больше и больше убеждаемся в том, что человечество не могло придумать большей глупости, чем сказка о самосотворении и целесообразном саморазвитии неразумной материи, чем атеистическое суеверие в возможность **самопроизвольного** превращения неживой и примитивной материи в живую и высокоорганизованную материю человеческого мозга.

36
ЯЗЫК БИБЛИИ И НАУКИ
([24],стр.11-22)

> Библейские рассказы
> скорее метафоричны,
> нежели буквальны.
>
> Сирил Поннамперума

Теперь вернемся к вопросу, поставленному в предыдущей главе: противоречит ли научная теория эволюционной Вселенной библейской модели сотворения мира Богом?

Правильный ответ на этот вопрос может быть дан только лишь в том случае, если мы беспристрастно и объективно сравним главы Библии с соответствующими данными современной науки. При этом мы обязаны оговорить, что результаты анализа и сравнения не могут быть объективны и беспристрастны без учета особенностей тех языков, на которых написаны сравниваемые материалы. Известно, что одно и то же смысловое содержание может быть написано на разных языках: английском, русском, еврейском, китайском, персидском, турецком и т.д. Сличать тексты, написанные на различных языках, можно лишь после того, как все они будут переведены на один и тот же общедоступный язык.

Каждый из языков имеет свою историю. Например, древнерусский язык сильно отличается от современного русского языка. Древнееврейский язык отличается от современного иврита еще в большей степени. Вряд ли без предварительной расшифровки вы сможете понять древнерусский перевод "Иудейской войны", даже если прекрасно владеете современным русским языком (см, например, книгу Н.А. Мещерского "История Иудейской войны Иосифа Флавия в древнерусском переводе", Москва, АН СССР, 1958). А ведь этот перевод был сделан всего лишь тысячу лет тому назад. Пятикнижие написана Моисеем 3300 лет тому назад. Представьте себе, в какой мере мог измениться древнееврейский язык за это время.

Кроме того, слова и выражения одного и того же смыслового содержания, написанного на одном и том же национальном языке, сильно отличаются друг от друга в зависимости от того, для кого они предназначены: для специалиста в данной области науки, широкой публики или для детей. В связи с этим прежде всего различают научную, научно-популярную и детскую литературу. Научную литературу не сможет понять не только ребенок, но даже не каждый взрослый человек, не только малограмотный взрослый, но даже не каждый ученый из другой (неродственной!) отрасли науки.

Если мы хотим довести до сознания широких народных масс результаты объективного сравнения древнебиблейских и современных научных материалов, то мы обязаны предварительно перевести и то и другое на общедоступный научно-популярный язык современности. Без такого перевода, без предварительной расшифровки текста Библии говорить об объективном решении поставленной проблемы не представляется возможным. Поэтому популярное изложение современной научной модели эволюционного развития Вселенной мы будем сравнивать не с дословным, а с научно-популярным (расшифрованным) переводом библейской модели сотворения мира.

Библия написана не на научном языке и не для современных ученых, она написана на простом древнееврейском языке и для простых людей. Поэтому она понятна и общедоступна для широких слоев народных масс вот уже на протяжении 3300 лет. Никакая другая книга не может сравниться с ней как по глубине смыслового содержания, так и по легкости формы изложения. В древнееврейском языке, то есть в языке рабов, которых фараоны заставляли месить глину и строить пирамиды, не было таких философских и научных понятий, как *идея, материя, вещество, энергия, молекула, атом, протон, электрон, водород, плазма, планета, протосолнце, этап, эпоха, период* и т.д.

Поэтому в Библии, в зависимости от смысла предложения, одно и то же простое слово может и должно выражать различные научные понятия. Так, например, слово "земля" выражает не только понятие суши, но и планеты, и материи, и вещества, и галактики, и Вселенной, и Материального Мира... Слово "небо" выражает не только понятия вакуумного пространства и отрицательной энергии, но и объективной идеи, и Идеального Мира...

Критиковать древнюю Библию за то, что она называла Материальный Мир "землей", а Идеальный Мир (противоположность Материального Мира) называла небом — это все равно, что выступить против современного русского языка с критикой и объявить его антинаучным только лишь за то, что он иногда использует слово "свет" вместо понятия "земной шар". Если вы скажете, что кто-то путешествовал вокруг света (вместо "вокруг земного шара"), то никому и в голову не придет мысль критиковать вас за это.

Тем не менее хорошо обученные и высококвалифицированные атеисты являются крупными специалистами как по подмене схожих понятий, так и по извлечению субъективной антинаучной атеистической выгоды из такого рода "игры слов". Заметим, что даже в современном русском языке слово "земля" выражает четыре понятия: планеты (**Земля** вращается вокруг Солнца), суши (моряки увидели **землю**), почвы (крестьянин обрабатывает **землю**), территории (прибалтийские **земли**).

Слово "идея" в современном русском языке выражает три понятия: потивоположности материи (**идея** первична, материя вторична), смысловое содержание (**идея** изобретения), принципы (он защищает передовые **идеи**). Слово "мир" в современном русском языке выражает четыре понятия: вселенной (происхождение **мира**), земного шара (чемпион **мира**), области (**мир** животных), соглашения (заключить **мир**). Слово "свет" в русском языке имеет два понятия. Сравните его в следующих выражениях: "солнечный **свет**" и "путешествие вокруг **света**". Слово "день" в русском языке имеет четыре понятия. Сравните его в следующих выражениях: "**день** всеобщего счастья обязательно настанет", "**дни** стали короче", "я был в командировке шесть **дней**" и "четвертый **день** месяца март". Аналогичных примеров можно привести очень много для любого языка.

В древнееврейском алфавите не различают заглавных и строчных букв. Поэтому слово "АДАМ" в Библии выражает три понятия: человека в общем смысле слова (и сотворил Бог человека); идеальную душу человеческую (и погрузил Господь Бог идеальную душу человеческую в физическую жизнь); имя конкретного человека (и было всех дней жизни Адама девятьсот тридцать лет, и он умер).

Сравните эти понятия со следующими библейскими выражениями:

"1. 27. И сотворил Бог **человека** ("людей") по образу своему".

"2.21. И навел Господь Бог сон на **человека,**".

"5.5. И было всех дней жизни **Адама** девятьсот тридцать лет, и он умер".

Во втором выражении слово "сон" должно быть истолковано, как "физическая жизнь на Земле".

Слово "вода" в Библии выражает не только понятие воды (H_2O), но и водорода, и водородной плазмы, и водородного облака. Под выражением **"вода, что под небом"** подразумевается то облако водородной плазмы, из которого впоследствии произошла наша Солнечная система. Под выражением **"вода, что над небом"** подразумеваются те облака водородной плазмы, из которых образовались все остальные звезды и галактики.

Выражение **"Дух Божий парил над водою"** переводится на современный научный язык примерно следующим образом: "идеальная (нематериальная) программа эволюционного развития материи, созданная Богом, была закодирована в новорожденной Вселенной еще до возникновения тех облаков водородной плазмы, которые превратились впоследствии в галактики и звезды".

Согласно Библии, **Бог является идеальной, а**

не материальной категорией. Это означает, что у Бога нет ни материального тела, ни материального языка, ни материальных глаз. Поэтому библейские выражения "И сказал Бог" или "И увидел Бог" не следует понимать буквально. Ведь не понимаем же мы русское слово "видел" буквально, если говорим "Я видел сон" (у спящего человека глаза закрыты и поэтому в буквальном смысле слова он глазами ничего не может "видеть").

По выражению американского ученого Сирила Поннамперума, библейские рассказы "скорее метафоричны, нежели буквальны" ([68], стр. 12). И если в Библии речь идет о Боге, то слова "сказал" и "увидел" являются образными, общепонятными, общедоступными, метафоричными выражениями, а не буквальными.

Поэтому библейская фраза "И сказал Бог" вовсе не означает, что он якобы произнес звуковую речь на английском, еврейском или русском языке, а выражает просто его намерение осуществить задуманное. Библейская фраза "И увидел Бог, что это хорошо" особо подчеркивает убежденность Бога в том, что каждый этап соответствует его всеобщей программе сотворения мира и является необходимым звеном во всей цепи его единой творческой деятельности. На современном научно-популярном языке это означает примерно следующее: "И был уверен Бог в том, что в конечных результатах текущего этапа развития закодирована идеальная программа и заложены все благоприятные ("хорошие") условия, необходимые для начала следующего этапа".

Заметим, что язык Библии понятен всем народам, как древним, так и нынешним. Если бы

Библия была написана на современном научно-популярном языке, то она не была бы понятной не только древним людям, но и людям прошлого века.

Если все научное содержание современной теории эволюции мы изложим кратко, на нескольких страницах, на простейшем языке, доступном "сознанию самого некнижного", даже неграмотного человека, то в результате мы неизбежно получим первую главу Библии — Бытие 1.

Гениальность Библии прежде всего в том и заключается, что она написана сжатым и простым языком, понятным во все времена, всем народам и для всех категорий людей, независимо от уровня их интеллектуального развития. Она написана настолько сжато, что ее всю невозможно подвергнуть научному анализу в рамках одной или даже нескольких книг.

Сила Библии в ее верности. Библия сильна потому, что она верна.

37
БИБЛЕЙСКИЙ ДЕНЬ

Основной ошибкой атеистов и противников науки является то, что они пытаются отождествлять библейское выражение "день" с современным понятием "земные сутки", хотя такого толкования нигде в Библии нет.

Тогда возникает вполне естественный вопрос: что же представляет собой библейское выражение "день"??? Ответ на этот вопрос дает сама Библия в пятом параграфе Бытия):

"5. И назвал Бог свет днем, а тьму назвал ночью. И был вечер , и было утро: день один".

Из этой цитаты видно, что под термином "день один" Библия подразумевает вовсе не земные сутки, включающие в себя 24 часа земного времени, а выражает единство таких противоположностей, как свет и тьма, день и ночь, вечер и утро и т.д.

Поэтому библейское выражение "день" должно быть переведено на современный научно-популярный язык, как "период времени, в течение которого завершается один полный цикл (этап) эволюционного развития Вселенной, состоящий из поочередно чередующихся и сменяющих друг друга диалектических противоположностей, как свет и тьма, день и ночь, положительная и отрицательная энергия и т.д.

В Библии понятие "день" означает вовсе не земные сутки, а полный цикл чередования диалектических противоположностей,— таких, как день и ночь, вечер и утро, начало и конец, свет и тьма, энергия и вещество, земной прах и "живые" клетки, далекие звезды и близкое солнце, морские рыбы и птицы небесные, примитивное животное и разумный человек и т.д. Итак, согласно Библии:

День - это свет, противоположность ночи.

Ночь - тьма, противоположность дня.

Вечер - начало тьмы, то есть ночи.

Утро - начало света, т.е. дня.

Библейский день = Библейские сутки = период времени, включающий в себе один полный цикл (этап) эволюционного развития. Каждый такой этап состоит из двух половинок: "ночи" — периода времени, когда создается менее качественная форма бытия, то есть "тьма"; и "дня" — периода времени, когда создается более качественная форма бытия, то есть "свет". И был вечер (и была тьма) и было утро (и стал свет).

Так прошли первые библейские сутки сотворения света и тьмы, то есть положительной и отрицательной физической энергии. Этот период времени мы называем днем (этапом) энергетической эволюции, не имеющим ничего общего с 24 часами земного времени. Другие "библейские дни" рассматриваются аналогично.

В древнееврейском языке не было специального слова для выражения таких понятий, как, например, "этап", "период", "эпоха". Поэтому слово "йом" означало не только "день", но и любой интервал времени. Шесть дней сотворения, о которых говорится в Библии, это не земные 24-часовые сутки, а этапы или эпохи эволюционного развития Вселенной. Об этом свидетельствует сама Библия, согласно которой Земля была сотворена только лишь в "день третий". Это значит, что в соответствии с Библией говорить о "земных" сутках можно только лишь после третьего "дня" или этапа сотворения мира.

Согласно специальной теории относительности, время зависит от скорости. Чем больше скорость движения объекта относительно нас, тем меньше его время в сравнении с нашим временем. Если какая-либо элементарная частица движется относительно Земли со скоростью, близкой к скорости света, то за несколько "суток", пережитых элементарной частицей, на Земле пройдут миллиарды лет.

Первобытная Вселенная как раз и представляла собой плазму чистой энергии, элементарные частицы которой перемещались со скоростями, близкими к скорости света. Поэтому миллиарды лет, протекающие на Земле, эквивалентны одним суткам, протекавшим в недрах первобытной Вселенной. Расчеты показывают, что один библейский "день" в среднем равен 2 млрд. земных лет.

Научный анализ истории Вселенной показывает, что материя в целом имеет тенденцию снижать свою скорость и уплотняться с течением времени [23]. Легкие частицы движутся быстрее, чем плотные системы. Поэтому каждый предыдущий "день" (этап) сотворения мира длиннее каждого последующего "дня" (этапа).

Критиковать древнюю Библию за то, что она этапы эволюционного развития Вселенной называла "днями" — это все равно, что объявить современный русский язык антинаучным только за то, что он иногда использует слово "день" вместо понятия "эпоха". Если вы скажете, что "день всеобщего счастья придет" (вместо "эпоха всеобщего счастья"), то никому и в голову не придет мысль критиковать вас за это. Тем не менее атеисты поднимают неимоверную антирелигиозную шумиху вокруг библейских "дней" сотворения, стремясь отождествить их с земными сутками.

Если Библия под термином "день" подразумевала целую эпоху развития мира, то словами "вечер" и "утро" она выражала "начало" и "конец", исходные пункты и конечные результаты этой эпохи ([77],#4,стр.73). Например, сжатое библейское выражение "И был вечер, и было утро: день первый" следует перевести на современный научный язык следующим образом: "И возникло вакуумное пространство (отрицательная энергия), и возникли энергичные фотоны (положительная энергия), так прошёл первый этап сотворения Вселенной абсолютно совершенным Богом (энергетическая эволюция).

Таким образом, шесть библейских "дней" сотворения мира являются по существу шестью этапами эволюционного развития Вселенной. Если мы говорим, что Бог сотворил мир за 6 библейских "дней", то это значит, что Вселенная была создана поэтапно, за 6 творческих этапов, постепенно, **эволюционно**, а не мгновенно, не скачками, не **революционно**, как это утверждают атеисты и материалисты, призывающие к революционным переворотам.

Все люди разделяются на три основные группы: религиозные, атеисты и блуждающие. Третья группа составляет большинство. Атеисты заявляют, что наука якобы опровергла Библию, а сотни миллионов простых людей (верующих и неверующих) слепо верят им. В связи с этим религиозные люди в свою очередь подразделяются на две основные подгруппы: противники и сторонники науки. Религиозные противники науки наглухо закрывают все возможности научного толкования Библии и тем самым оставляют за бортом религии ту громадную часть населения, для которой успехи науки очевидны. Формально оберегая чистоту Библии, противники науки фактически "льют большую воду на малую мельницу атеизма".

На самом же деле между Библией и наукой нет и не может быть никаких противоречий, ибо автору Библии еще 3300 лет тому назад были известны все положения подлинной науки. Разница заключается только лишь в том, что древняя Библия и современная наука выражают одну и ту же суть различными словами. Но от названия суть дела не меняется. Например, стоило нам понять, что библейское выражение "свет" наука называет положительной энергией, а библейское выражение "тьма" — отрицательной энергией — и все становится на свои места. Современная наука созрела настолько, что она в состоянии научно доказать и объяснить все положения Библии, и мы обязаны воспользоваться этим, ибо вывести блуждающих на путь истины - это священный долг каждого честного человека. Мошиах придет только лишь тогда, когда все люди поймут истину и тем самым созреют для встречи с ним. Ведь не предписываете же Вы 24 часа земного времени той эпохе, о которой мы говорим: "день всеобщего счастья настанет".

Тем не менее основной ошибкой противников науки является то, что они пытаются отождествлять библейское выражение "день" с современным понятием "земные сутки", хотя такого толкования нигде в Библии нет. Напротив, в ответ на этот вопрос в Библии черным по белому, четко и недвусмысленно написано следующее:

14. И сказал Бог: да будут светила в пространстве неба для отделения дня от ночи, они и будут знамениями и для времен, и для дней, и для годов.

15. И да будут они светилами в пространстве небесном, чтобы светить на землю: и стало так.

16. И создал Бог два светила великие: светило большее для владения днем, и светило меньшее для владения ночью, и звезды.

17. И разместил их Бог в пространстве небес, чтобы светить на землю.

18. И чтобы владеть днем и ночью, и чтобы отделять свет от тьмы. И увидел Бог, что это хорошо.

19. И был вечер и было утро: день четвертый.

Здесь вовсе нет никакого намека на то, что библейское выражение "день" якобы эквивалентен "земным суткам". Напротив, согласно Библии время отсчитывается не столько вращением Земли, сколько движением небесных тел и звезд, которые "**будут** знамениями и для времен, и для дней и для годов". Обратите внимание на слово "будут", которое недвусмысленно указывает на то, что говорить об измерении времени, а тем более о смене дня и ночи на Земле до сотворения Луны, Солнца и звезд нет никакого логического смысла. Следовательно, по крайней мере первые "три дня" сотворения мира никак не могут бы эквивалентны "трем земным суткам".

38
БИБЛИЯ И
БИОЛОГИЧЕСКАЯ ЭВОЛЮЦИЯ
([24], стр.241-274)

Библейская модель на древнееврейском языке

20. И сказал Бог: да воскишит вода кишением живых существ и птицы да летают над землею по пространству небесному.

21. И сотворил Бог больших рыб и всякие существа живые, живущие в воде, по роду их, и всякую птицу крылатую по роду ее. И увидел Бог, что это хорошо.

22. И благословил их Бог, сказав: плодитесь и размножайтесь, и наполняйте воду в морях, и птицы да размножаются на земле.

23. И был вечер и было утро: день пятый.

Современная научная модель

20. И создал Бог идеальную программу биологической эволюции, согласно которой неизбежно и закономерно должна зародиться и развиваться жизнь: сначала в воде, а затем на земле.

Элементы этой программы, созданные Богом в Идеальном Мире, должны перерабатываться в белых дырах Материального Мира в энергетические коды, которые можно уже называть "семенами биологической жизни". Эти энергетические коды в недрах облаков водородной плазмы перерабатываются в вещественные коды на ядерном или электронном уровне.

В благоприятных условиях первобытной Земли элементарные коды перерабатываются в коды на молекулярном уровне с образованием белков и нуклеиновых кислот. Молекулы белка и нуклеиновых кислот соединяются вместе и образуют биологическую клетку, в которой содержится передаваемый по наследству генетический код. Некоторое множество биологических клеток образует биологическую систему — такую, как растение, рыба, птица или наземное животное.

"И сказал Бог: да воскишит вода кишением живых существ и птицы да летают над землею по пространству небесному".

21. И сотворил сначала Бог живые существа в воде, далее - больших рыб и морских животных, а затем он создал птиц крылатых, летающих в воздухе.

Каждый вид биологических систем развивается эволюционно от низшего к высшему по своей собственной программе, отличной от программы всех других видов и закодированной еще на энергетическом или элементарном уровне.

Первоначально каждый вид живых организмов возник из своего собственного семени, отличного от семени всех других видов. Далее все живые существа рождались, развивались, созревали, давали потомство по роду своему, старели, умирали и снова рождались.

Идеальный Бог творил живые существа не материальными руками и не волшебной палочкой, а через посредство идеальной программы и генетических кодов, которые функционировали как природные кибернетические системы.

"И сотворил Бог больших рыб и всякие

существа живые, живущие в воде, по роду их, и всякую птицу крылатую по роду ее".

И был Бог удовлетворен результатами своего творчества, ибо биологические системы содержали в себе все условия, которые необходимы для следующего этапа эволюционного развития Вселенной, а именно для этапа интеллектуальной эволюции.

"И увидел Бог, что это хорошо".

22. И сделал Бог так, чтобы рыбы и птицы плодились, размножались, наполняли воду в морях и пространство над землею.

"И благословил их Бог, сказав: плодитесь и размножайтесь, и наполняйте воду в морях, и птицы да размножаются на земле".

23. И возникли рыбы в воде ("и был вечер"), и взлетели птицы в небеса ("и было утро"): так прошел пятый этап сотворения Вселенной абсолютно совершенным Богом.

Этот период сотворения Вселенной мы называем этапом биологической эволюции: "день пятый".

Согласно современным научным данным, возраст Земли оценивается в 4,6 млрд. лет, а первые самые примитивные одноклеточные живые организмы появились на ней 3,8 млрд. лет назад.

Примерно миллиард лет тому назад возникли многоклеточные водоросли.

Примерно 400 миллионов лет тому назад появились растения на суше.

Простейшие морские беспозвоночные — такие, как губка и медуза, — появились 500 миллионов лет назад, первые птицы — 200 миллионов лет назад, копытные и хищные животные — 70 миллионов лет назад, а человек — всего лишь — 60 тысяч лет тому назад (см. Атлас зарождения и эволюции жизни на Земле или любой учебник по биологии).

Смысл существования Земли и Солнца прежде всего заключался в том, что без них биологическая эволюция оказалась бы невозможной. Исходным состоянием пятого этапа эволюции Вселенной является существование Земли и Солнца, а его неизбежным конечным результатом — появление живого существа. Но для чего было нужно, чтобы появилось живое существо?

39
ПРОИСХОЖДЕНИЕ БИОЛОГИЧЕСКОЙ ЖИЗНИ НА ЗЕМЛЕ
([24], стр.241-274)

> И образовал Господь Бог из праха земного всякого зверя полевого и всякую птицу небесную.
>
> Библия

1. Формы жизни.

Жизнь — это сознательное существование со множеством степеней собственной свободы [26]. Она существует не только на Земле, но и на других пданетах; не только на молекулярном, но и на фотонном уровне. Различным формам жизни мы посвятили тридцть девятую главу работы [26].

Возникает вполне резонный вопрос: каким образом и при каких условиях неживое вещество превращается в живое существо? Как и почему из "праха земного" образовался человек? "Эта важнейшая проблема современного естествознания пока еще не решена" ([90], стр.146) . Поэтому постараемся решить ее в этой главе.

Биологическая жизнь — динамически устойчивое существование материальных категорий, каждая из которых управляется индивидуальной программой, созданной Богом. Далее эта идеальная программа передается по наследству через посредство материальных кодов. Биологическая жизнь — это бессознательная противоположность сознательной жизни. Биологическая жизнь не есть жизнь в той же мере, в какой мере искусственный (материальный) интеллект не есть идеальный интеллект.

Биология - наука, изучающая материальные формы жизни (наука о живой природе).

Здесь мы остановимся на вопросах происхождения и развития биологической жизни на Земле. По этому вопросу в современной науке существуют два противоположных течения: неверное (дарвинизм) и верное (номогенезис). Неверному дарвинизму удалось стать знаменитым и всемирно известным. Правильная и верная теория номогенезиса незаслуженно была предана забвению. Возникает смехотворный вопрос: каковы истоки такого рода трагедий?

2. Дарвинизм

Учение о естественном отборе создано Ч. Дарвином в 1858 году", согласно которому естественный отбор — это результат борьбы за существование, а борьба за существование и естественный отбор вместе являются основными движущими силами (факторами) биологической эволюции. Согласно чистосердечному признанию атеизма, "**дарвинизм** — это материалистическая теория эволюции органического мира" ([12], стр.166) .

"**Генетика** — наука о наследственности и изменчивости живых организмов.

Чарлз Дарвин (Darwin) родился 12 февраля 1809 и умер 19 апреля 1882. Рождение генетики принято относить к 1900 году. Термин "генетики" предложил в 1906 У. Бэтсон. Поэтому Чарлз Дарвин не имел никакого представления о генетической программе. А материалистическая теория биологической эволюции без генетической программы — это все равно, что арифметика без чисел.

Дарвин различал три формы борьбы за существование: внутривидовую, межвидовую и борьбу с неблагоприятными условиями неорганической природы. Но он не различал "конкурентов" от "противоположностей". Этим в высшей степени профессионально воспользовался тоталитарный атеизм.

Сначала Фридрих Энгельс, а затем Ленин и Сталин возлагали большие надежды на учение Дарвина. В самом деле, если "борьбу за существование" в терминологии Дарвина заменить термином "борьбы противоположностей", а "борьбу противоположностей" объявить источником и движущей силой всякого движения и развития, то можно сделать ложный вывод (нужный атеизму!) о том, что для возникновения и развития мира якобы не нужен никакаой бог.

В живой природе действительно существует "борьба за существование" между конкурентами, а не между противоположностями. Но "конкуренты" не есть "противоположности". Между ними существует большая разница: конкуренты не могут сосуществовать вместе, а противоположности не могут существовть друг без друга. Например, мужчина и женщина являются сексуальными противоположностями, а не конкурентами. Между ними нет никакой борьбы. Мало того, они не могут существовать друг без друга.

Однако, во время одного только полового акта мужчина выливает в женщину до пяти миллиардов сперматозоидов. Все они являются конкурентами, а не противоположностями. И только лишь один из них оплодотворяет женскую яйцеклетку. Все остальные погибают в борьбе за существование. Такого рода борьба **укрепляет** (оздоравливает) организм потомства, а не **изменяет** его. В организме человека не произошло никаких существенных изменений по крайней мере на протяжении последних двух-трех тысячелетий.

Если некоторое количество вещественных семян являются конкурентными, то не для того, чтобы изменить вид живого организма, а для того, чтобы снизить до минимумуа его накопленную погрешность.

Борьба конкурентов ни в коем случае не является источником или движущей силой развития. Источником и движущей силой развития является не борьба, а генетическая программа, предусматривающая борьбу в нужной ситуации. Как раз об этой генетической программе Дарвин не имел никакого представления, а Сталин боролся против нее всю свою сознательную жизнь.

Поэтому тоталитарный атеизм превратил теорию Дарвина в свою служанку и убрал с ее пути всех противников, включая академика Л.С.Берга. Самого Дарвина он сделал всемирно известным, но дал ему следующую характериситику:

"По мировоззрению Дарвин — естественнонаучный материалист, стихийный диалектик, атеист, но с чертами буржуазной ограниченности. Его работы сыграли важную роль в борьбе против идеализма, против теологии..." ([88], стр.99) .

Тем не менее до 1992 года дарвинизм находился под надежной защитой тоталитарного атеизма, а ныне он продолжает существовать по инерции.

3. Номогенезис.

Номогенез (греч. nomos — закон) — научная теория запрограммированной эволюции живой природы, впервые разработанная академиком Л.С.Бергом в 1922 году ([12], стр.410).

Номогенез утверждает принцип изначальной целесообразности всего живого. Согласно преформизму, такая целесообразность обусловлена стереохимическими свойствами белков протоплазмы.

"**Преформизм** (от. лат. praeformo —- заранее обра-зую) —- учение о наличии в половых клетках организмов материальных структур, предопределяющих развитие зародыша и признаки образующегося из него организма." ([12], стр.504).

Академик АН СССР Берг Лев Семенович (1876—1950) в своей книге "Номогенез", опубликованной в 1922 году, опроверг теорию Дарвина и убедительно доказал, что биологическая эволюция происходит по программе, которая представляет собой определенный свод законов природы. В самом деле, если бы не было генетической программы, закодированной в любой биологической клетке (первобытной или современной), то не было бы никакой борьбы за существование неразумных организмов, никакого естественного отбора и никакой биологической эволюции вообще.

Номогенез научно опровергает дарвиновское объяснение биологической эволюции. Источником и движущей силой биологической эволюции на самом деле является изначально целессообразная программа, а не борьба противоположностей [4].

Но программа не бывает без программиста... А такого рода "крамольная" мысль представляла собой серьезную угрозу для существования атеизма. И тут начинается та самая высшая форма трагедии, когда ложь глумится над истиной, а безрассудство управляет умами. Всесильный и всемогущий тоталитарный атеизм дает зеленую дорогу дарвинизму и предает забвению номогенез Л.С.Берга. "Мудрый вождь всех народов и племен" Иосиф Виссарионович Сталин позаботился спасти все поколения от "религиозного дурмана" так, что вам вряд ли удастся найти где-нибудь русскоязычную копию этой книги.

Однако ни старания "мудрых вождей", ни гипотеза "естественного отбора" не могут спасти "научный" атеизм от неизбежного научного краха. Если под термином "естественный" подразумевается "природный", то термин "отбор" обязательно предполагает цель, ибо нет и не может быть никакого отбора без цели, как нет и не может быть никакой цели без разума и воли.

Наличие цели является существенным атрибутом всякого целесообразного отбора, без которой отбор перестает быть отбором. Если какой-то процесс протекает без всякой цели, то уже в силу полного отсутствия цели этот процесс ни в коем случае нельзя называть отбором. Поэтому автором всякого отбора (естественного или искусственного, природного или технического) может быть только лишь интеллектуальный творец, а не природа или материя, которая не обладает никаким умом вообще.

Результат всякого "естественного" отбора в процессе эволюционного развития может быть всего лишь замыкающим звеном следующей цепи:

Интеллект ⇒ Воля ⇒ Цель ⇒ Программа ⇒

⇒ Код ⇒ Отбор ⇒ Результат отбора.

Ни одно последующее звено не может возникнуть, существовать и развиваться без предыдущего. Седьмое звено всегда является завершающим этапом ("седьмым днем") всякого эволюционного творчества, будь то сотворение всего мира, будь то биологическая эволюция или будь то эволюция человеческих отношений.

Если бы Дарвин знал генетику, то, может быть, он сам изложил свою теорию иначе и заменил термин "естественный отбор" темином "запрограммированный отбор". Но тогда он не понравился бы тоталитарному атеизму и не стал знаменитым.

4 Образование Земли.

Согласно идеальной программе материального развития, созданной Богом, наша Вселенная родилась 12 миллиардов лет тому назад из ничего в виде нулевой суммы положительной и отрицательной энергии. Из отрицательной энергии образовалось вакуумное (т.е. физическое!) пространство, представляющее собой сплошную непрерывность антифотонов ("тьма"). Положительная энергия представляла собой фотонную плазму ("свет").

Микроцивилизации, существующие в недрах антифотонов, принимали идеальную программу материального развития, созданную Богом, перерабатывали ее в энергетические коды и передавали фотонам. Таким образом, в недрах фотонов на энергетическом уровне изначально закодирована идеальная программа материального развития всей Вселенной.

В первобытном непрерывно расширяющемся вакуумном пространстве из чистой положительной энергии (то есть из фотонов) образовались огромные облака плазмы, состоящей в основном из водорода (или антиводорода) с небольшой примесью остальных химических элементов.

В недрах еще не очень горячего облака водордной плазмы по тем или иным причинам зарождались местные (сравнительно небольшие!) активные области с чрезвычайно высокими температурами. Если температура такой области достигает 10^7 °К, то в ней происходит горение водорода с образованием гелия и выделением тепла. При температуре 10^8 °К гелий горит с образованием углерода и кислорода, при температуре 500 миллионов градусов по шкале Кельвина углерод горит с образованием магния и натрия, а при температуре свыше 1 млрд. °К кислород горит с образованием серы, фосфора, кремния и т.д. (см. [79], стр.122-124; [90], стр.78) .

Согласно идеальной программе материального развития Вселенной, начертанной Богом, одно из облаков водородной плазмы в нашей Галактике сжалось так, что от него отделились более плотные "куски", из которых образовались планеты.

Так от огненного шара водородной плазмы отделяются космические тела, состоящие не только из водорода, но также из углерода, азота, кислорода и более тяжелых элементов. Эти космические тела впоследствии получили названия планет: Меркурий, Венера, Земля, Марс, Юпитер, Сатурн, Уран, Нептун и Плутон.

Одной из таких планет была наша шарообразная Земля, имеющая впадины, куда впоследствии стекалась вода, образуя моря и океаны ("И назвал Бог сушу землею, а стечение вод назвал морями").

Первобытная Земля состояла из очень горячего материала. Она постепенно остывала, приближаясь к нынешнему устойчивому температурному состоянию. Если бы Солнце посылало на Землю энергию немного меньше или немного больше, чем Земля отдает в космос, то никакой биологической жизни на Земле не было бы.

На Земле все устроено целесообразно изначально Если бы поверхность Земли была шаровой, а не шарообразной, то на поверхности Земли не было бы никаких впадин. Если бы на поверхности Земли не было никаких впадин, то на Земле не было бы никаких озер, морей и океанов. Если бы на Земле не было никаких озер, морей и океанов, то не было бы никаких дождей. Если бы не было никаких дождей, то на Земле не было бы никакой биологической жизни. Если бы на Земле не было никакой биологической жизни, то не было бы и нас с вами. Однако факт на лицо: мы с вами существуем. Значит, впадины на поверхности Земли не случайны, а целесообразны, закономерны, запрограммированы и предусмотрены заранее. Но кем???

5. Начало геологической эволюции Земли.
Еще в облаках первобытной водородной плазмы из элементарных частиц образуются такие химические элементы, как водород, кислород, углерод и азот. На первобытной Земле атомы водорода соединялись с атомами кислорода с образованием воды (H_2O). Атомы углерода соединялись с атомами кислорода с образованием углекислого газа (CO_2),

который необходим для растений. Атомы водорода, соединяясь с атомами углерода или азота, образовывали, соответственно, метан (CH_4) и аммиак (NH_4).

Таким образом, на первобытной Земле из водорода, углерода, кислорода и азота образуются молекулы метана, аммиака, углекислого газа и воды, участвующие в формировании простейших форм биологической жизни.

Академик А.И.Опарин писал: "Есть все основания считать, что Земля уже при самом своем формировании получила в наследство от космоса значительный запас абиогенных органических веществ, которые в процессе их последующей эволюции и послужили материалом для возникновения живых существ" ([66], стр.27).

Как показывают расчеты, выполненные американским ученым К.Саганом, простейшие формы биологической жизни на Земле возникли 4,4 миллиарда лет тому назад, то есть почти сразу же после формирования Земли, ([90], стр.155).

6. Истоки современной науки о происхождении биологической жизни на Земле.

Панспермия — это наука о происхождении биологических организмов из "семян", в которых на уровне элементарных частиц или даже на фотонном уровне закодирована идеальная программа биологической эволюции.

В современной науке принято называть **планетным шовинизмом** представление о том, что жизнь во Вселенной якобы может возникнуть и развиваться только лишь на планетах.Напротив, итальянский физик Коккони выдвинул гипотезу о существовании жизни даже на ядерном уровне.

Согласно научной модели советского академика М.А. Маркова, даже в элементарной частице возможно существование не только жизни, но и разумных цивилизаций. Академик М.А.Марков назвал элементарные частицы, содержащие живые и разумные существа, **фридмонами**, в честь А.А.Фридмана, впервые обратившего внимание на факт расширения Вселенной, см здесь тринадцатую главу, а также ([23],стр.8,357), ([24],стр.34,207), ([26],195,377) .

Энергия элементарной частицы, которую мы "видим" и субъективно представляем элементарной, не обязательно должна быть элементарной в объективной действительности. На самом деле ее количество e_+ может быть равно алгебраической сумме колоссального количества положительной энергии E_+ и колоссального количества отрицательной энергии E_- так, что

$$e_+ = (E_+) + (E_-).$$

Поэтому такого рода элементарная частица может содержать в себе одну или несколько физических вселенных, таких, как наша, или даже больших, чем наша. Цивилизации, населяющие такую вселенную, могут быть вовсе не "микроскопическими". Там могут быть свои "люди", летающие на самолетах, свои "люди", которые строят, и свои "люди", которые разрушают. Там могут быть свои праведники и свои грешники.

Таким образом, уже в первобытных элементарных частицах закодирована программа не толь-

358

ко образования химических элементов, но и появления растений и живых существ. Это значит, что уже первые порции света, то есть уже первобытные фотоны белых космических дыр задолго до образования Солнца несли в себе из иного (нематериального) мира в нашу Вселенную "семена жизни", несмотря на то, что фотон не обладает никаким весом и никаким объемом. Оказавшись на первобытной Земле, эти семена попали в благоприятные условия, и жизнь получила земное развитие. Но это развитие не было случайным. Оно было закономерным и запрограммированным.

Биологическая эволюция по сути дела началась еще тогда, когда появились первые элементарные частицы водородной плазмы, те самые элементарные частицы, в которых гениальным образом была закодирована идеальная программа неизбежного образования и развития живых организмов. Еще в 1907 году известный шведский химик Сванте Аррениус высказал гипотезу о том, что "семена жизни" были заброшены на Землю из других миров. В настоящее время гипотеза Аррениуса переросла в стройную научную теорию.

На основании всего вышеизложенного я предлагаю вниманию читателя следующую научную теорию происхождения биологической жизни на Земле, разработанную мной.

Сущность моей научной теории биологической эволюции заключается в том, что все живые организмы зародились и развиваются поэтапно по заранее намеченной и целесообразной программе, от низшего к высшему, от неживого вещества к живому существу, от живой клетки к человеческому мозгу.

7. Первый этап биологической эволюции.

И создал Абсолютный Бог идеальную программу биологической эволюции. Эта программа была закодирована на фотонном уровне еще в эпоху энергетической эволюции, когда в белых космических дырках из ничего рождалась нулевая сумма колоссального количества положительной и отрицательной энергии. Общая программа биологической эволюции состоит из несметного множества частных (генетических) программ.

Генетической мы называем идеальную **программу**, согласно которой рождается, эволюционно развивается и стационарно существует тот или иной конкретный вид биологической продукции. При этом **биологической продукцией** мы называем все то, что возникает и развивается в процессе биологической эволюции вообще. **Биологический вид** (biological species) — это биологическая продукция, которая рождается, развивается и размножается только лишь по одной и той же генетической программе.

Каждая генетическая программа предназначена для эволюционного развития и стационарного существования только лишь одного (своего) вида биологической продукции. Ни одна генетическая программа не может производить другие (чужие) виды биологической продукции. Каждый вид живых организмов может существовать толко лишь по своей генетической программе. Ни один вид живых организмов не может образоваться или развиваться по другим (чужим) программам.

Например, организм обезьяны развивался эволюционно и функционирует стационарно по своей генетической программе. Любая другая генетическая программа для него неприемлема. Поэтому он не может развиваться по генетической программе человека или льва.

Организм человека развивался эволюционно и функционирует стационарно по своей генетической программе. Любая другая генетическая программа для него неприемлема. Поэтому он не может развиваться по генетической программе обезьяны или носорога. Таким образом, догма "происхождения человека от обезьяны" — всего-навсего атеистическая небылица, опровергаемая генетикой.

Ген — это элемент генетической программы. **Генетический код** — материальная запись нематериального (идеального) гена на энергетическом, ядерном или молекулярном уровне.

Систему энергетических кодов генетических программ биологической эволюции мы называем **семенами биологической жизни на фотонном уровне, или энергетическими семенами.**

Каждая генетическая программа представляет собой автономный свод законов природы, согласно которому положительная энергия в определенных условиях обязана превратиться в финальную форму зрелой биологической продукции, которую мы называем **организмом** в общем смысле этого слова.

Первичным организмом мы называем зрелую (финальную) продукцию, которая образуется в результате биологической эволюции из энергетического семени. Существенным атрибутом первичного организма является его способность воспроизводить себе подобное "потомство". Каждый "потомок" первичного организма, способный саморазмножаться представляет собой **стационарный,** или **регулярный организм**.

Генетических программ биологической эволюции столько, сколько было, есть и будет всех видов организмов. У каждого вида организмов своя генетическая программа: у всех бактерий одна программа, у всех арбузов другая программа, у всех людей третья программа и т.д. По сути дела, каждая генетическая программа является единственным абсолютно совершенным оригиналом, у которого может быть несметное, сколь угодно большое множество в какой-то мере искаженных копий — энергетических семян биологической жизни.

В зависимости от обстоятельств, степень искажения может быть сколь угодно большой или сколь угодно малой. Поэтому у каждой генетической программы имеется несметное множество энергетических семян. Попав в неблагоприятные условия, многие из них погибают. Семя, попавшее в благоприятные условия, прорастает. Из него образуется **первичный** организм, который потом воспроизводит себе подобных. Например, из конкретного **энергетического** семени арбуза, попавшего в благоприятные условия, прорастает конкретный **первичный** арбуз, в котором имеется множество семян арбуза, которые мы называем **вещественными**. Из тех вещественных семян, которые попали в благоприятные условия, образуются другие арбузы. Первичных арбузов может быть сколь угодно мало или сколь угодно много.

Совершенно аналогично, из конкретного энергетического семени человека, попавшего в благоприятные условия, образуется конкретный **первичный** человек (мужчина или женщина), который размножается потом половым путем. Первичных людей (мужчин и женщин) может быть сколь угодно много, но не меньше одной пары сексуальных противоположностей.

В зависимости от условий внешней среды биологическая продукция меняется, но только лишь внутри вида. В связи с этим все организмы мы подразделяем на виды, а виды - на индивиды.

"Под влиянием внешних факторов (например, жесткой радиации) могут происходить отдельные нарушения в системе кода наследственности. Такие нарушения будут приводить к появлению у потомков совершенно новых признаков, которые будут передаваться дальше по наследству. Эти явления называются **мутациями**" ([90], стр.147) . Такого рода "радиация" несет с собой из Идеального Мира в Материальный Мир идеальную программу особого назначения (биологического развития) и может не только изменить живой организм, но и исцелить безнадежного калеку, но только лишь в пределах вида.

Для каждого вида организмов существует одна-единственная генетическая программа. У каждой такой генетической программы имеется несметное множество энергетических семян, которые существуют в недрах каждого фотона и которые чем-то отличаются друг от друга в пределах вида. Конечной целью каждой генетической программы является получение конкретного **вида** живого организма, а конечной целью каждого конкретного энергетического семени является получение конкретной **индивидуальности** биологического организма. У каждого индивидуального организма свое конкретное энергетическое семя.

Индивидуальный организм – конкретный организм, расчленение которого на составные части не представляется возможным без того, чтобы организм не потерял свою индивидуальность. Каждый организм должен быть способным воспроизводить только лишь себе подобных, но он не может воспроизводить другие виды организмов.

Например, арбуз может воспроизводить себе подобные арбузы, хотя каждый арбуз в определенных рамках чем-то отличается от всех остальных арбузов. Но арбуз не может воспроизводить дыню или картошку. Совершенно аналогично, обезьяна может воспроизводить себе подобных обезьян, хотя каждая обезьяна в определенных рамках чем-то отличается от всех остальных обезьян. Но обезьяна не может воспроизводить человека или слона.

Период воплощения потусторонней идеи в "энергетические семена биологической жизни" мы называем первым этапом биологической эволюции.

Эти "первобытные семена жизни", заключенные внутри фотонов, дают только лишь начало биологической эволюции, хотя даже ныне каждый невесомый и бестелесный фотон, физический объем которого равен идеальному нулю, несет в себе недвусмысленную команду, во что должна превращаться одна и та же физическая энергия в зависимости от вещественного семени: помидоры, огурцы, сливы и т.д.

Такого рода чисто энергетические (невесомые и невещественные) "семена" могут совершать колоссальные космические полеты – от галактики к галактике, от звезды к звезде, от планеты к планете. Им совершенно не страшны ни глубокий вакуум, ни громадное давление, ни сильный холод, ни высокая температура, ни зарево белых космических дыр, ни катастрофа черных дыр, ни губительная радиация и ни огромные скорости, если даже они равны световым или сверхсветовым скоростям. Попадая на какую–нибудь планету, как, например, наша Земля, при благоприятных условиях они прорастают, образуя биологические организмы.

8. Второй этап биологической эволюции.

По мере превращения положительной энергии первобытной Вселенной в облака водородной плазмы происходит новое качественное изменение: энергетические коды идеальной программы биологической эволюции перерабатываются в вещественные коды на ядерном или электронном уровне. Такого рода материальные коды идеальной программы биологического развития мы называем "**семенами биологической жизни на элементарно-вещественном уровне**" или просто "**элементарными семенами**".

Каждое энергетическое семя передает по наследству элементарному семени систему кодов той программы, которая предназначена для образования соответствующего зрелого организма. Например, каждое энергетическое семя обезьяны передает по наследству элементарному семени систему кодов той программы, которая предназначена для образования только лишь первичной обезьяны. Однако, энергетическое семя обезьяны ни в коем случае не может перерабатываться в элементарное семя других видов живых существ: человека, рыбы, курицы и т.д.

Период переработки чисто энергетических

(невесомых и бестелесных) "семян жизни" в вещественные (весомые и элементарно-телесные) коды на ядерном или электронном уровне мы называем вторым этапом биологической эволюции.

9. Третий этап биологической эволюции.

Как уже говорилось, еще на первобытной Земле возникли молекулы аммиака, воды и метана, участвующие в формировании жизни. При соответствующих условиях и под воздействием вышеупомянутых "семян жизни", попавших на Землю, эти молекулы дали начало белкам и нуклеиновым кислотам, которые служат следующей (третьей по счету) закодированной основой материальной жизни. Здесь коды элементарных частиц, несущие информацию из иного (идеального!) мира на нашу материальную Землю, претерпевают новое качественное изменение и перерабатываются на молекулярном уровне в коды белков и нуклеиновых кислот: ДНК (**дезоксирибонуклеиновая кислота**) и РНК (**рибонуклеиновая кислота**).

Молекула белка состоит из двадцати аминокислот, которые могут создавать огромное количество различных комбинаций. Последовательность аминокислот в молекуле белка определяет функцию или норму поведения белка.

Если законодательные органы той или иной страны передают всем своим гражданам смысловое (идеальное) содержание юридических законов при помощи таких материальных кодов, как буквы русского, английского или китайского алфавита, то потусторонний Бог передает всем биологическим системам смысловое содержание идеальной программы биологической эволюции и законов

366

природы, определяющих поведение любого живого организма, при помощи таких биологических кодов, как аминокислоты белка.

Таким образом, аминокислоты в белке являются строительными кирпичиками различных материальных кодов, несущих для любой ситуации однозначную команду от Бога к биологическим элементам и системам.

Причем, такого рода команду понимает и планирует Бог, а биологическая система исполняет ее бессознательно, то есть так, как это делает любая кибернетическая система, слепо исполняющая сознательную волю инженера или программиста. Здесь белок выполняет роль биологического алфавита, который состоит всего лишь из 20 аминокислот (белковых букв).

Однако белок не может существовать вечно. Как и любая другая материальная система, белок рождается, развивается, стабильно функционирует, стареет, умирает и снова рождается. Умирая и рождаясь вновь, белок должен сохранить код, несущий в себе идеальную информацию.

Этой цели служит молекула ДНК, которая обладает замечательным свойством в точности воспроизводить копию и самой себя, и той живой клетки, в которой она находится. Благодаря молекуле ДНК, любая старая клетка может делиться на две новые клетки, каждая из которых содержит в себе полный и точный код генетической информации. Если бы молекула ДНК не умела делать этого, то умирающие клетки не могли бы восстанавливаться и биологическое развитие оказалось бы невозможным вообще.

Молекула ДНК представляет собой своеобразный четырехбуквенный алфавит биологической жизни, передающий по наследству генетический код от "родителей" к "детям" и состоящий в основном из следующих четырех химических агентов: аденина, тимина, гуанина и цитозина.

Молекула ДНК состоит из сотен тысяч атомов. Тем не менее, она настолько мала, что невидима простым глазом. Хотя ее вес не превышает миллиардных долей грамма, в ней закодировано такое громадное количество информации, для описания которой понадобились бы десятки или даже сотни томов толстых книг.

Свою собственную копию молекула ДНК воспроизводит сама, а во всем остальном она выполняет роль "главного администратора живой клетки", у которого имеются такие помощники, как молекулы РНК. Молекула ДНК находится в ядре клетки, откуда она рассылает рабочие молекулы РНК для непосредственного воспроизводства белка ([77] #5 стр.136-139).

Каждое элементарное семя передает по наследству белкам и нуклеиновым кислотам систему кодов той программы, которая предназначена для образования соответствующего зрелого организма. Например, каждое элементарное семя обезьяны передает по наследству белкам и нуклеиновым кислотам систему кодов той генетической программы, которая предназначена для образования только лишь первичной обезьяны. Однако, элементарное семя обезьяны ни в коем случае не может перерабатываться в белки и нуклеиновые кислоты других видов живых существ: человека, рыбы, курицы и т.д.

Период переработки элементарных семян в

молекулы белков и нуклеиновых кислот мы называем третьим этапом биологической эволюции.

10. Четвертый этап биологической эволюции - одноклеточные организмы.

Молекулы белков и нуклеиновых кислот (ДНК и РНК) образуют биологическую ("живую") клетку и претерпевают тем самым следующее по счету качественное изменение. Биологическая клетка является четвертой формой материи, содержащей в себе материальные коды идеальной программы биологической эволюции. Такие биологические клетки являются "строительными кирпичиками" всех живых существ, всех животных и растительных организмов, начиная от мельчайшего микроба и кончая самым крупным млекопитающим.

Согласно научной теории академика А.И.Опарина, первобытные белки и нуклеиновые кислоты должны были возникнуть на древней Земле **одновременно и независимо друг от друга**, потому что для биосинтеза нуклеиновых кислот необходимы белки, а для синтеза белков - нуклеиновые кислоты. На молекулярном уровне ни белки, ни нуклеиновые кислоты сами по себе не могли подвергаться естественному отбору в отдельности. Естественному отбору могло подвергаться только лишь их совместное сочетание ([66], стр. 122). Это значит, что никакого "естественного отбора" нет. Биологические клетки, белки и нуклеиновые кислоты возникают и развиваются по одной и той же изначальной программе.

Если белки появились для нуклеиновых кислот, то это недвусмысленно означает, что назначение белков было **предусмотрено заранее**. Но кем?

Неживой материей? Но разве неживая материя обладает умом, чтобы **предусмотреть** заранее возникновение и назначение белков?!

Если нуклеиновые кислоты появились для белков, то это также недвусмысленно означает, что назначение нуклеиновых кислот было **предусмотрено заранее.** Но кем? Неживой природой? Но разве неживая природа обладает интеллектом, чтобы **предусмотреть** заранее назначение нуклеиновых кислот?!

По выражению немецкого ученого Роланда Глазера, конструкции биологических клеток "очень хорошо продуманы" ([20], стр.164). Но кем??? Неживой природой??? Но разве неразумная природа может что-либо "продумать"?! Нет!

Неживая материя не обладает никакими интеллектуальными или творческими способностями! А белки, нуклеиновые кислоты и живая клетка являются продуктом именно интеллектуального творчества. Отсюда мы делаем научный вывод о том, что белки, нуклеиновые кислоты, живые клетки и все биологические системы являются продуктом творческой деятельности **интеллектуального** (а не материального!) Творца, которого мы называем Богом.

В отличие от религии, атеизм является слепой верой в разумную предусмотрительность неразумной материи и в целесообразный продукт творчества без разумного творца.

Однако сама материя в процессе биологической эволюции выполняет всего лишь роль сырья и слепого исполнителя, а не интеллектуального творца. Материя, играющая в процессе творческого развития роль природной кибернетической

370

системы, исполняет совершенно бессознательно и совершенно бесцельно приказания тех кодов, которые по сути дела являются материальными копиями идеальной программы.

Идеальную программу биологического развития создал Бог, а потому творцом всех биологических элементов и систем мы считаем именно интеллектуального Бога, а не материю. Ведь не называете же вы автоматический станок, изготовляющий болты по программе инженера, творцом болтовых соединений. Творцом болтов и самого станка является интеллект инженера. Совершенно аналогично творцом живой и неживой материи является Бог.

Согласно современным научным данным, возраст Земли оценивается в 4,6 млрд. лет, а первые, самые примитивные одноклеточные живые организмы появились на ней 3,8 млрд. лет назад.

К ним прежде всего относятся бактерии, которые существуют и поныне. Бактерии никогда не были многоклеточными организмами. Назначение бактерий — обеспечить круговорот веществ в природе, участвуя в разложении погибших организмов.

Количество одноклеточных организмов на протяжении двух миллиардов лет неуклонно росло. В процессе развития они все больше и больше отличались друг от друга. Но общим для них оставалось то, что все они размножались только лишь путем деления и ни один из них не мог скрещиваться с другим. Поэтому происхождение многоклеточных организмов из одноклеточных было возможно только лишь в рамках вида. Таким образом, количество одноклеточных организмов неуклонно росло, а количество их видов оставалось постоянным.

Белки и нуклеиновые кислоты передают по наследству биологическим клеткам систему кодов той программы, которая предназначена для образования соответствующего зрелого организма. Например, биологические клетки человека образуются из белков и нуклеиновых кислот человека. Однако, биологические клетки человека ни в коем случае не могут образоваться из белков и нуклеиновых кислот других видов живых существ: обезьяны, рыбы, курицы и т.д.

Период получения биологических клеток из молекул белков и нуклеиновых кислот мы называем четвертым этапом биологической эволюции.

11. Пятый этап биологической эволюции – многоклеточные растения.

Примерно 1,5 миллиарда лет тому назад одноклеточные организмы достигли высшей стадии своего количественного и качественного развития. Согласно закону перехода количества в качество, количество одноклеточных организмов не могло расти до фантастической бесконечности без изменения основного структурного качества, то есть без перехода одноклеточных организмов в многоклеточные.

Тогда началась качественно новая фаза биологической эволюции: преобразование одноклеточных организмов в многоклеточные. Если в наше время идеальная программа, закодированная в солнечных лучах на фотонном уровне, преобразует вещественные семена овощей, брошенных в плодородную почву, в огурцы, помидоры или арбуз, то в ту отдаленную эпоху биологической эволюции та же идеальная программа, закодированная в солнечных лучах на фотонном уровне, преобразовала одноклеточные организмы в многоклеточные организмы икры, яйца или живого существа — в зависимости от внешней среды и генетического кода, заложенного в одноклеточном организме.

Растения и животные возникли от разных групп одноклеточных организмов. Они отличаются прежде всего по способу питания: растения сами производят свою пищу, а животные отбирают ее извне.

Растения насчитывают в настоящее время более 500 тысяч видов, а животные — свыше 2 миллионов видов (главным образом насекомых).

Примерно миллиард лет тому назад возникли многоклеточные водоросли, которых ныне насчитывается около 6000 видов.

Примерно 400 миллионов лет тому назад появились растения на суше.

Согласно современным научным данным, бактерии и простейшие водоросли появились 4,6 млрд. лет тому назад, простейшие морские беспозвоночные, такие, как губка и медуза, появились 500 миллионов лет назад, первые птицы - 200 миллионов лет назад, копытные и хищные животные - 70 миллионов лет назад, а человек - всего лишь - 60 тысяч лет тому назад (см.любой учебник по биологии).

Одноклеточные предки растений и животных мало отличались друг от друга только лишь по внешней форме. Однако по своему назначению, внутреннему содержанию и по генетической программе они могли резко отличаться друг от друга. Поэтому на пятом этапе биологической эволюции одни из них превратились в **первичные** многоклеточные арбузы, другие — в первичные многоклеточные помидоры, третьи — в первичные многоклеточные сливы и т.д. Такие **первичные** растения становились **регулярными**, когда они размножались либо с помощью вещественных семян, либо при помощи деления. Однако, из одноклеточных предков помидор ни в коем случае не может образоваться современный многоклеточный арбуз. И наоборот, из одноклеточных предков арбуза ни в коем случае не может образоваться современный многоклеточный помидор. У каждого многоклеточного вида растений был свой, отличный от других, одноклеточный предок.

Период образования первичных многоклеточных растительных организмов из одноклеточных мы называем пятым этапом биологической эволюции.

12. Шестой этап биологической эволюции — многоклеточные организмы живых существ.

Растения размножаются в основном при помощи семян или путем деления. Согласно закону перехода количества в качество, количество клеток в одном организме не могло расти до фантастической бесконечности без изменения основного качества — способа размножения. Тогда началась качественно новая фаза биологической эволюции: образование живых организмов, которые размножаются половым путем.

Период образования первичных животных из одноклеточных организмов мы называем шестым этапом биологической эволюции.

Простейшие морские беспозвоночные, такие, как губка и медуза, появились 500 миллионов лет назад, первые птицы - 200 миллионов лет назад, копытные и хищные животные - 70 миллионов лет назад, а человек - всего лишь - 60 тысяч лет тому назад (см.Атлас зарождения и эволюции жизни на Земле или любой учебник по биологии).

Одноклеточные предки многоклеточных организмов живых существ мало отличались друг от друга только лишь по внешней форме. Однако по своему назначению, внутреннему содержанию и по генетической программе они могли резко отличаться друг от друга. Поэтому на шестом этапе биологической эволюции одни из них превратились в **первичных людей**, другие - в первичных обезьян, третьи — в первичных голубей и т.д. Такие первичные живые существа становились **регулярными**, когда они размножались половым путем. Однако, из одноклеточных предков первичных людей ни в коем случае не могли образоваться современные обезьяны. И наоборот, из одноклеточных предков обезьян ни в коем случае не могли образоваться первичные люди. У каждого вида многоклеточных живых существ был свой, отличный от других, одноклеточный предок. Это недвусмысленно означает, что человек произошел от своего одноклеточного предка, а не от обезьяны.

Если вся программа рождения и колоссального развития Вселенной была заложена уже в первой белой космической дыре, то нет ничего удивительного в том, что уже в первобытном одноклеточном организме была закодирована вся программа его преобразования в многоклеточный организм того или иного вида живого существа.

Общие ВЫВОДЫ

Биологическая эволюция в целом является всего лишь одной (пятой по счету) ступенью эволюционного развития Вселенной. В то же время, в рамках самой биологической эволюции просматриваются шесть других наиболее важных ступеней:

1) Первый этап биологической эволюции — энергетические семена биологической жизни.

Идеальная программа биологической эволюции, созданная Богом в Идеальном Мире, перерабатывается в белых дырах Материального Мира в энергетические коды.

2) Второй этап биологической эволюции — элементарные семена биологической жизни.

В недрах облаков водородной плазмы энергетические коды перерабатываются в вещественные коды на ядерном или электронном уровне.

3) Третий этап биологической эволюции — белки и нуклеиновые кислоты.

В благоприятных условиях первобытной Земли элементарные коды перерабатываются в коды на молекулярном уровне с образованием белков и нуклеиновых кислот.

4) Четвертый этап биологической эволюции — одноклеточные организмы.

Молекулы белка и нуклеиновых кислот соединяются вместе и образуют биологическую клетку, в которой закодирована передаваемая по наследству генетическая программа.

5) Пятый этап биологической эволюции —

многоклеточные растения

Некоторое множество биологических клеток образуют биологическую систему растительных организмов.

6) Шестой этап биологической эволюции — многоклеточные организмы живых существ.

Некоторое множество биологических клеток образуют биологическую систему живых организмов рыб, птиц и наземных животных.

7) Седьмой этап биологической эволюции — человек, материальный образ нематериального Бога.

Появляется человек, способный любить и осознанно творить, подобно Богу.

Здесь цикл биологической эволюции замыкается. Согласно диалектическому закону отрицания отрицаний, идея (объективная и Божественная) приводит к образованию идеи (субъективной и человеческой) через посредство материи и материальных кодов. Таким образом, формулу

ИДЕЯ ⇒ МАТЕРИЯ ⇒ ИДЕЯ

можно считать доказанной не только на философском уровне, но и на уровне естественных наук [66].

Так идеальный и абсолютно совершенный Бог создал из неживой материи ("из праха земного") различные виды живых существ и самого человека, который обладает высоким интеллектом и творческими способностями.

Исходным этапом биологической эволюции является закономерное и запрограммированное происхождение живого тела из неживой материи, а не случайное и не самопроизвольное, как это пытается изобразить атеизм. Но противоречит ли это религии? Вовсе нет! Обратимся к Библии, где сказано: "И образовал Господь Бог человека из праха земного и вдохнул в него дыхание жизни и стал человек существом живым" или "... образовал Господь Бог из праха земного всякого зверя полевого и всякую птицу небесную". Не являются ли эти фразы блестящим подтверждением того, что на каком-то этапе закономерного и запрограммированного развития живые и высокоорганизованные организмы образуются из неживой и примитивной материи! Как видим, согласно библейской модели, все живые существа, в том числе и человек, сотворены Богом не на пустом месте и не с помощью волшебной палочки, а образованы из праха земного, то есть из неживой материи. Следовательно, между религией и биологией в вопросе происхождения живых организмов из неживой материи никакого противоречия нет

Поэтому научная теория биологической эволюции не отрицает, а подтверждает Библию. Против Библии выступает не сама научная теория биологической эволюции, а ее антинаучная атеистическая интерпретация, которая утверждает, что целесообразная эволюция живого организма происходит якобы **сама собой**, самопроизвольно, случайно, без всякой программы, без всякой заранее поставленной цели, без интеллектуального Творца.

Невозможность случайного и самопроизвольного происхождения живго организма из неживой материи научно доказана и экспериментально подтверждена. Идеальную программу биологической эволюции мог разработать только лишь Бог, обладающий абсолютно совершенным интеллектом, а не природа, которая не обладает никаким умом вообще.

Немецкий ученый Роланд Глазер пишет: "Жизнь в высшей степени связана с упорядоченностью и организацией. В строгом порядке выстроены аминокислоты - кирпичики, из которых состоит белок... Если последовательность таких кирпичиков нарушится, фермент будет так же мало пригоден к работе, как телевизор, собранный обезьяной" ([20], стр152) . Так все пути атеистических сказок бесславно сходятся к обезьяне.

Таким образом, объективная наука о запрограммированном происхождении живой клетки из неживой материи выступает против атеизма и материализма, а не против религии!

Если бы атеизм был прав и биологическая эволюция представляла собой самопроизвольное перерождение одних видов живых существ в другие виды, то древние млекопитающие, существовавшие более 200 миллионов лет тому назад, давно бы переродились в самых высоких интеллектуалов, а человек, который появился всего лишь 60 тыс.лет назад, оказался бы самым глупым существом на Земле. Однако, научные факты говорят об обратном: "Человек прошел сравнительно короткий путь эволюции, но тем не менее, по сложности строения и психическим особеностям стоит выше, чем животное" ([48], том 2, стр.202). Этому безусловно способствовали особенности идеальной программы сотворения человека, разработанной Богом. Особые предписания этой программы и ускорили эволюционное развитие самого человека и его центральной нервной системы.

40
ЗАПРОГРАММИРОВАННОЕ РАЗВИТИЕ МИРА

Не было ничего: ни Земли, ни неба; ни Солнца, ни звезд; ни галактик, ни вселенных; ни пространства, ни времени и ничего такого, что могло бы существовать в пространстве и времени.

Только лишь один-единственный Абсолютный Мир существует в абсолютной вечности вне всякого относительного пространства и вне всякого относительного времени. Фундаментальной сутью (внутренним содержанием) Абсолютного Мира является сам Абсолютный Бог [26].

Совершенство — это высокое качество важнейших положительных атрибутов бытия — таких, как интеллект, воля, любовь и т.д. **Абсолютное совершенство** — это предел, к которому неуклонно стремится сколь угодно высокое и постоянно растущее совершенство, но которого оно никогда не достигнет.

При этом возникает весьма резонный врпрос: почему Бог сотворил человека?

Главным атрибутом Абсолютного Бога является абсолютное совершенство всех его атрибутов. Если бы Бог утратил абсолютное совершенство хотя бы одного из них (например, любви), то Абсолютный Бог перестал бы быть абсолютным. Но любовь невозможна без объекта любви. Поэтому Бог сотворил человека не ради скуки, а ради любви, то есть для того, чтобы было кого любить. Совершенно аналогично, человек рожает детей не ради скуки, а ради любви, без которой жизнь человека была бы серой.

Рожая детей, человек хочет, чтобы его дети были достойными людьми. Совершенно аналогично, Бог хочет, чтобы человек был достойным его любви. В то же время, если бы Бог сотворил человека таким же абсолютно совершенным, как он сам, то человек стал бы частью Бога, любовь которого превратилась в "эгоистичное себялюбие". Вот почему Бог сотворил душу человеческую своим **относительным** подобием, а не своим **абсолютным** эквивалентом.

Однако прежде чем сотворить вечную душу человеческую, как относительное подобие Абсолютного Бога, и бренное тело человека, как материальный образ нематериального Бога, нужно было построить для него Относительный Мир, как относительное подобие Абсолютного Мира. Поэтому создал Бог абсолютную программу сотворения Относительного Мира (материального и идеального). Эта программа состоит из бесконечного множества законов, которым подчиняется весь мир.

Бог сотворил в начале абсолютную сигнально-информационную сферу своей творческой деятельности, которую мы называем **абсолютным пространством.** Эта сфера существует в абсолютной вечности вне всякого относительного времени, вне всяких "раньше" и "позже". Ее протяженность и количество измерений равны абсолютной бесконечности. Бог является абсолютным началом и абсолютным центром всего мира. А скорость сигнально-информационной связи Бога со всем миром равна абсолютной бесконечности.

И создал Бог идеальное пространство в рамках абсолютного. Если количество измерений абсолютного пространства равно абсолютной бесконечности, то количество измерений идеального пространства равно чрезвычайно большому, но конкретному целому числу "к".

Если скорость расширения абсолютного пространства равна абсолютной бесконечности, то скорость расширения идеального пространства равна чрезвычайно большому, но конкретному числу "v".

Если абсолютное пространство не имеет в протяженности и во времени ни начала ни конца, то идеальное пространство имеет начало, но не имеет конца. Протяженность абсолютного пространства есть предел, к которому вечно стремится непрерывно возрастающая протяженность идеального пространства, но которого она никогда не достигнет.

В каждом n-мерном идеальном пространстве Бог создал множество (n-1)-мерных идеальных пространств, где n = k,.....,9,8,7,6,5,4,3,2,1..

Одномерные идеальные пространства являются каналами сигнально-информационной связи между Богом и всем миром. В них существуют программы, законы и объективные идеи, имеющие одну степень необходимости. Каждое n-мерное идеальное пространство создано для идеальных духов, обладающих "n" степенями собственной свободы, где n = = 2,3,4,5,6,7,8,9, ...k..

Далее в любом n-мерном идеальном пространстве построено множество n-мерных физических вселенных. Количество измерений любой такой физической вселенной должно быть равно или меньше, чем n.

Образно выражаясь, физическая вселенная в идеальном пространстве представляет собой "мерцающую точку". Точкой мы ее называем потому, что масса и алгебраическая сумма всех материальных категорий в ней равна идеальному нулю. "Мерцающей" мы ее называем потому, что она "загорается и гаснет", как лампочка на новогодней елке. Разница в том, что новогодняя лампочка загорается и гаснет 50 или 60 раз в секунду, а физическая вселенная возникает и исчезает один раз за 50 или 60 миллиардов лет [26].

Когда построение всего идеального пространства было завершено, в трехмерном идеальном пространстве Бог сотворил примитивных идеальных духов, обладающих двумя или тремя степенями собственной свободы. Так была создана трехмерная идеальная вселенная, где живут и развиваются наши идеальные души. Идеальная душа человеческая была сотворена Богом в качестве относительного объекта его абсолютной любви. Но для чего было создано физическое тело человека?

Биологическое тело человека было создано для ускоренного развития его идеальной души. С этой целью была создана наша трехмерная физическая Вселенная, как "курсы повышения совершенства". Образно выражаясь, физическая жизнь человека представляет собой "коллективный сон" его идеальной души, где она подвергается испытанию на порядочность и повышает свое совершенство. Души, успешно окончившие эти "курсы", перешли или переходят в четырехмерное пространство и образуют четырехмерную идеальную вселенную.

Далее духи, успешо окончившие "курсы повышения совершенства" в четырехмерной вселенной, переходят в пятимерное идеальное пространство и образуют пятимерную идеальную вселенную и т.д.

Идеальные души человеческие, успешо окончившие "курсы повышения совершенства" в n-мерной вселенной, переходят в (n+1)-мерное идеальное пространство и образуют (n+1)-мерную идеальную вселенную, где n = 2,3,4,5,6,7,8,9, ...k.

Идеальную вселенную высшего качества (n=k) мы называем **супервселенной,** а идеальные души, ее населяющие, **ангелами.** Ангел – идеальный дух высшего качества. Абсолютное совершенство Бога есть предел, к которому вечно стремится бесконечно большое непрерывно возрастающее совершенство ангела, но которого оно никогда не достигнет.

Количество степеней свободы Абсолютного Бога есть предел, к которому вечно стремится бесконечно большое непрерывно возрастающее количество степеней свободы ангела, но которого оно никогда не достигнет.

Абсолютный Бог существует в абсолютной вечности. Он не имеет ни начала ни конца. Ангел имеет во времени начало, но не имеет конца. Бог – един. Количество ангелов может быть сколь угодно большим, ибо каждая идеальная душа человеческая может стать ангелом, если она заслужит это.

При всем при этом следует четко различать пространство событий от пространства перемещения. Например, если мы говорим, что физическое пространство нашей Вселенной является трехмерным, то мы имеем в виду, что человек имеет в нем свободу перемещения всего в трех разных независимых друг от друга направлениях. Если же речь идет о пространстве событий, то оно является многомерным, ибо даже на нашей бренной Земле человек имеет несметное множество степеней свободы. Он может стать инженером или врачом, садоводом или архитектором, она может выйти замуж за Петю или Ваню, вы можете лечь, сесть или встать и т.д. Подробности см. мои предыдущие книги, например, 30-ю и 32-ю главу в книге [26].

Хочет ли или не хочет человек этого, **возникновение и развитие всего Относительного Мира протекает так, и только лишь так, как предписано генеральной программой Абсолютного Бога, и никак иначе.** Согласно этой программе, человечество имеет двойственную структуру: физическую и духовную. Физическая структура развивается по закону замкнутого цикла, а интеллектуальная — по закону логарифмической спирали [26]. Общий период их развития — 6000 лет. Седьмое тысячелетие — шаббат (отдых). Если данные современной науки верны и человек появился на Земле действительно 60 000 лет тому назад, то ныне мы переживаем десятый цикл. Физическая структура человечества зарождается, развивается, достигает своего зенита, накапливает погрешность, стареет, погибает и снова рождается...

История первого цикла началась с возникновения небольшого количества первобытных людей, которые нуждались во взаимной помощи и поэтому любили друг друга. С ростом населения возник и утвердился неразумный эгоизм человека. На каком-то уровне развития насилие парализовало человечество полностью. Тогда наступила катастрофа, в процессе которой Бог отбирал и спасал положительных людей.

И далее, совершенно аналогично, история каждого предыдущего цикла заканчивалась всеобщей катастрофой, а история каждого последующего цикла начиналась с запрограммированного отбора небольшого количества праведных людей из неправедного общества после очередной катастрофы.

Тогда возникает вполне уместный вопрос: что же мы называем "неправедным обществом"? Ответ на этот вопрос дает Фазиль Искандер в следующей поэтической форме:

"Молчали надгробья усопших домов,
          молчали могилы и морги.
И сын пошел доносить на отца,
          немея в холодном восторге.
Орало радио на площадях,
          глашатай двадцатого века,
Пока не осталось среди людей
          ни одного человека.
А дни проходили своей чередой,
          земля по орбите вращалась.
Но совесть, потерянная страной,
          больше не возращалась".

Замечательный поэт и певец Ифраим Амирамов отзывается о неправедном обществе следующм образом:

"Жизнь - не просто вода.
Это целое море терпения.
И судьба - как тропа с бесконечными
          волчьими ямами
А кругом черепа с глазами пустыми, упрямыми".

Согласно Библии, примерно через 234 года произойдет очередной генеральный запрограммированный отбор. Если к тому времени "среди людей не останется ни одного праведного человека", то человечество исчезнет с лица Земли навсегда.

Если к тому времени останутся хотя бы одна или несколько пар праведных людей (мужчин и женщин), то в результате катастрофы погибнут все неправедные люди. В живых останется только лишь небольшая группа праведных людей, от которой произойдет все будущее человечество. Если эта группа окажется настолько малочисленной, что специализация окажется невозможной, то не будет ни ракет, ни самолетов, ни телефонов, ни электростанций, ни машин, ни тракторов. Но тогда людям придется вернуться к кирке и лопате и начинать все сначала.

Если же к тому времени все люди на Земле станут праведными, то никакой катастрофы не будет. Наука и техника будут развиваться баснословно гигантскими шагами. Если люди 15-го века не имели никакого представления о современных телефонах и ракетах, то современные люди не имеют никакого представления о высочайшем уровне медицины, науки и техники того времени. Люди будут жить по 1000 лет. Не будет никаких болезней. Земля превратится в настоящий Рай. Будет построено царство высоко интеллектуальных людей, подобных Богу, общество высокой морали и чести, общество изобилия материальных и духовных ценностей, общество долголетия тела человека и вечности души человеческой, общество справедливости. без вероломства, разума без безрассудства, любви без ненависти, счастья без трагедий, совершенства без уродства, милосердия без жестокости, доброты без зла.

Бог сотворил человека для того, чтобы человек построил свое счастье сам. Поэтому человек должен продемонстрировать перед Богом, что он достоин быть относительным подобием Абсолютного Творца.

Согласно Библии, все современное человечество произошло от человека по имени Адам, который родился на 3760 лет раньше Иисуса Христа, но это вовсе не означает, что он был первым человеком. Люди были и до него. Но они и их потомки погибли во времена Всеобщего Потопа, после чего в живых остались только лишь Ной (прямой потомок Адама) и его семья.

И "сказал" Бог человеку: "Я отберу только лишь праведных из числа всех людей, рожденных для того, чтобы умирать. И подарю им мир идеальных вселенных, где можно жить вечно и счастливо".

Поэт Ифраим Амирамов выражает эту идею в следующей поэтической форме:

"Я соберу реальность из останков
Миров, рожденных, чтобы умирать.
И подарю вам мир воздушных замков,
Где можно жизнь хоть чем-то оправдать".

Религии всех стран и народов, объединяйтесь на научной основе! Либо мы сделаем это, либо катастрофа человечества окажется неизбежной. Бог един для всех. Поэтому религия может быть национальной только лишь по своей традиционной форме. Но она обязана быть интернациональной по своему научному содержанию.

ПРЕДМЕТНЫЙ УКАЗАТЕЛЬ

ЛИТЕРАТУРА НА РУССКОМ ЯЗЫКЕ:

1. Библия, Пятикнижие Моисеево.

2. Бабаков И.М. Теория колебаний. - Издательство "Наука", Москва, 1965, 560 страниц.

3. Балашов М.М. Физика, учебник для 9 класса общеобразовательных учреждений. - Издательство "Просвещение", Москва, 1994, 320 страниц.

4. Берг Лев Семенович. Номогенез или эволюция на основе закономерностей. 1922

5. Берг Л.С. Труды по теории эволюции, 1922 - 1930, Л.,1977.

6. Берг Ф.Ш. Введение в каббалу. - Нью Йорк, 1987, 254 страниц.

7. Берг Ф.Ш. Перевоплощение душ. - Нью Йорк, 1989, 278 страниц.

8. Берг Ф.Ш. Астрология. - Нью Йорк, 1989, 292 страницы.

9. Берг Ф.Ш. Зоны времени. - Нью Йорк, 1995, 256 страниц.

10. Библейские истории. - Дрофа, Москва, 2000, 288 страниц.

11. Библейский альбом Гюстава Доре. - Малое предприятие "МАР", Москва, 1991, 464 страниц.

12. Биологический энциклопедический словарь. - Советская Энциклопедия, 1986, 832 страниц.

13. Бова Б. Новая астрономия.-Мир,Москва,1976.

14. Боумэн Кэрол. Прошлые жизни детей. - Издательство "София", Киев, 1998, 320 страниц

15. Введение в философию, учебник для высших учебных заведений СССР. - Политиздат, Москва, 1990, часть первая, 368 страниц.

16. Введение в философию, учебник для высших учебных заведений СССР. - Политиздат, Москва, 1990,

часть вторая, 640 страниц.

17. Виленчик М.М. Биологические основы старения и долголетия. - Знание, Москва, 1976, 160 стр.

18. Гегель Георг Вильгельм Фридрих. Энциклопедия философских наук, Мысль, Москва, 1977.

19. Геометрия, учебник для 10-11 классов с углубленным изучением математики (авторы: Александров и др.). - Издательство "Просвещение", Москва, 1994, 464 страниц.

20. Глазер Р. Биология в новом свете. - Мир, Москва, 1978, 174 страницы.

21. Глинка Н.Л. Общая химия, учебник для высших учебных заведений СССР. - Москва,1980, 720 страниц.

22. Горелик Г.С. Колебания и волны. - Физматгиз, Москва, 1959, 572 страницы.

23. Давыдов И.Ш. (под псевдонимом: Иосиф Соулсон). Миры. - Интернациональный Научный Центр, Нью-Йорк, 1991, 400 страниц.

24. Давыдов И.Ш. Сотворение и эволюция. - Интернациональный Научный Центр, Нью-Йорк, 1997, 384 страниц.

25. Давыдов И.Ш. Познание истины. - Интернациональный Научный Центр, Нью-Йорк, 2004, 424 страниц.

26. Давыдов И.Ш. Бытие. - Интер-национальный Научный Центр, Нью-Йорк, 2005, 400 страниц.

27. Давыдов И.Ш. Детали машин, методические указания по курсовому проектированию. - Кабардино-Балкарский государственный университет, Инженерно-технический факультет, Нальчик, 1976, 126 стр.

28. Давыдов И.Ш. Оптимальная комплектация зубчатых колес. - В книге: Управление качеством в

механо-сборочном производстве, Тезисы докладов межобластной научно-технической конференции. Пермский политехнический инстит, Пермь, 1973, стр.146-150.

29. Давыдов И.Ш. О параметрических колебаниях в одноступенчатой прямозубой цилиндрической передаче. - Вестник машиностроения, Москва, 1970, №10, стр. 29-31.

30. Давыдов И.Ш. К расчету нелинейных колебаний зубчатых механизмов. - В книге: "Механика машин", Академия Наук СССР, выпуск 58, издательство "Наука", 1981, стр. 3-10.

31.Давыдов И.Ш. Способ решения дифференциальных уравнений с кусочно-линейными периодическими коэффициентами. - Математическая физика, Республиканский межведомственный сборник Академии Наук УССР, издательство "Науково думка", Киев, выпуск 17, 1975, стр.41-48.

32. Дарвин Ч. Происхождение видов путем естественного отбора. - Наука, Спб., 1991, 539 страниц.

33. Диалектический и исторический материализм. - Политиздат, Москва, 1974, 368 страниц.

34. Диалектический материализм, учебное пособие для высших учебных заведений СССР. - Высшая школа, Москва, 1987, 336 страниц.

35. Диалектический материализм, учебник - Мысль, Москва, 1989, 400 страниц.

36. Дубинин Н. П. Генетика и человек. - Просвещение, Москва, 1978, 144 страниц.

37. Еврейская энциклопедия в 16 томах. - Издательство "ТЕРРА", 1991.

38. Естествознание, учебник для 7 класса общеобразовательных учреждений (авторы: Хрипкова и др.). - Издательство "Просвещение", Москва,

1997, 224 страниц.

39. Ефремов Ю. Н. В глубине Вселенной. - Наука, Москва, 1977, 224 страниц.

40. Зельдович Я.Б, Мышкис А.Д. Элементы прикладной математики. - Издательство "Наука", Москва, 1972, 592 страниц.

41. Зоар Парашат Пинхас. - Нью Йорк, 1995, в трех томах.

42. Иллюстрированный энциклопедический словарь. - Большая Российская Энциклопедия, 1995, 894 страниц.

43. Кареев Н.И. Учебная книга древней истории. - Просвещение, Москва, 1997, 320 страниц.

44. Китайгородский А.И. Физика для всех, Фотоны и ядра. - Наука, Москва, 1979, 208 страниц.

45. Комаров В.Н. Атеизм и научная картина мира. - Просвещение, Москва, 1979, 192 страницы.

46. Компанеец А.С. Что такое квантовая механика? - Наука, Москва, 1977, 216 страниц.

47. Косидовский З. Библейские сказания. - Политиздат, Москва, 1987, 464 страницы.

48. Краев А.В. Анатомия человека, в двух томах. Медицина, Москва, 1978.

49. Лазарев С.Н. Диагностика кармы. - Санкт-Петербург, 1999, в четырех книгах.

50. Лайтман Михаэль. Каббала. - Израиль, 1984.

51. Левитан Е.П. Астрономия, учебник для 11 класса. - Издательство "Просвещение", Москва, 1994, 208 страниц.

52. Левитан Е.П. Физика Вселенной. - Издательство "Наука", Москва, 1976, 200 страниц.

53. Лузин Н.Н. Дифференциальное исчисление. - Издательство "Наука", Москва, 1952, 476 страниц.

54. Марков М.А.О природе материи.Москва 1976.

55. Материалистическая диалектика. - Политиздат, Москва, 1985, 352 страниц.

56. Медников Б.М. Биология: формы и уровни жизни - Издательство "Просвещение", Москва, 1994, 416 страниц.

57. Мелюхин С.Т. Проблема конечного и бесконечного. - Госполитиздат, Москва, 1958, 264 страницы.

58. Мировая культура (авторы: Зайцев А., Лаптева В., Порьяз А.). - Издательство "ОЛМА-ПРЕСС", Москва, 2000, 448 страниц.

59. Народонаселение, энциклопедический словарь. - Издательство "Большая Российская энциклопедия", Москва, 1994, 640 страниц.

60. Научный атеизм, учебник для высших учебных заведений СССР. - Полотиздат, Москва, 1976, 288 страниц.

61. Новиков И.Д. Эволюция Вселенной. - Издательство Наука, Москва, 1979, 176 страниц.

62. Общая биология, учебник для 10-11 классов общеобразовательных учреждений (авторы: Беляев и др.). - Издательство "Просвещение", Москва, 1995, 288 страниц.

63. Общая биология, учебник для 10-11 классов общеобразовательных учреждений (авторы: Полянский и др.). - Издательство "Просвещение", Москва, 1995, 288 страниц.

64. Основы марксистской философии, учебник. - Политиздат, Москва, 1962, 656 страниц.

65. Основы марксистско-ленинской философии, учебник. - Политиздат, Москва, 1976, 464 стр.

66. Опарин А.И. Материя ⇒ жизнь ⇒ интеллект. - Издательство "Наука", Москва, 1977, 208 страниц.

67. Пекелис В. Кибернетическая смесь. - Из-

дательство "Знание", Москва, 1973, 240 страниц.

68. Поннамперума С. Происхождение жизни. - Издательство "Мир", Москва, 1977, 176 страниц.

69. Привалов И.И. Аналитическая геометрия. - Государственное издательство технико-теоретической литературы, Москва, 1952, 368 страниц.

70. Рыдник В.И. Законы атомного мира. - Атомиздат, Москва, 1975, 370 страниц.

71. Смирнов В.И. Курс высшей математики, том первый. - Физмат, Москва, 1965, 480 страниц.

72. Смирнов В.И. Курс высшей математики, том второй. - Физмат, Москва, 1974, 656 страниц.

73. Смирнов В.И. Курс высшей математики, том третий, часть первая. - Физмат, Москва, 1967, 324 стр.

74. Смирнов В.И. Курс высшей математики, том третий, часть вторая. - Физмат, Москва, 1969, 672 стр.

75. Справочник машиностроителя в шести томах, том 1. - Издательство "Машгиз", Москва, 1961, 592 страницы.

76. Справочник по элементарной физике (авторы: Лободюк и др.). - Издательство "Наукова думка", Киев, 1975, 448 страниц.

77. Тайноведение. Израиль, 1982.

78. Тарг С.М. Краткий курс теоретической механики. - Издательство "Физико-математической лиитературы", Москва, 1963, 480 страниц.

79. Тейлер П. Дж. Происхождение химических элементов. - Издательство "Мир", Москва, 1975, 230 страниц.

80. Теоретические основы классификации языков мира, проблмы родства. - Издательство "Наука", Москва, 1982, 312 страниц.

81. Трофоменко А.П. Вселенная: творение или развитие? - Издательство "Беларусь", Минск, 1987, 160

страниц.

82. Турсунов Акбар. Философия и современная космология. - Политиздат, Москва, 1977, 192 страницы.

83. Угаров В.А. Специальная теория относительности. - Издательство "Наука", Москва, 1977, 384 страницы.

84. Управление, информация, интеллект. - Издательство "Мысль", Москва, 1976, 384 страницы.

85. Успенский П.Д. Новая модель Вселенной. - Издательство Чернышева, Спб, 1993, 560 страниц.

86. Фастов А.В. Атлас зарождения и эволюции жизни на Земле. - Издательство "ЭЛСМО-ПРЕСС", 2001, 96 страниц.

87. Физика, учебное пособие для 10 класса с углубленным изучением физики (авторы: Дик и др.). - Издательство "Просвещение", Москва, 1993, 416 страниц.

88. Философский словарь. - Политиздат, Москва, 1975, 496 страниц.

89. Философский энциклопедический словарь. - "Издатльский Дом ИНФРА-М", Москва, 1997, 576 страниц.

90. Шкловский И.С. Вселенная, жизнь, разум. - Издательство "Наука", Москва, 1976, 340 страниц.

91. Шкловский И.С. Звезды, их рождение, жизнь и смерть. - Издательство "Наука", Москва, 1975, 368 страниц.

92. Шорман Н. Вечность и суета. - Издательство "ШВУТ АМИ", Иерусалим, 1989, 210 страниц.

93. Шульман Соломон. Инопланетяне над Россией. - Издательство "Эрмитаж", США, 1985, 208 страниц.

94. Эйнштейн А. Собрание научных трудов, том 1. - Издательство "Наука", Москва, 1965, 700 страниц.

95. Энгельс Ф. Происхождение семьи, частной собственности и государства, 1884.

96. Эрдеи-Груз Т. Химические источники энергии. - Издательство "Мир", Москва, 1974, 304 страницы.

97. Эрдеи-Груз Т. Основы строения материи. - Издательство "Мир", Москва, 1976, 488 страницы.

98. Ярославский Емелъян. Библия для верующих и неверующих. - Госполитиздат, Москва,1958,408 страниц.

LITERATURE IN ENGLISH:

99. Berg Leo. Nomogenesis or evolution determined by law. -The M.I.T. PRESS, London, 1969.

100. Berg Philip. Time zones. - Kabbalah, New York, 1993, 256 pages.

101. Berg Philip. Astrology. - Kabbalah, New York, 1986, 256 pages.

102. Bowman Carol. Children's Past Lives. - Bantam Books

103. Davydov Joseph. God exists, new light on science and creation. - Schreiber Publishing, Washington-New York, 2000, 302 pages.

104. Davydov I.Sh. Parametric vibrations in a single-stage spur gear transmission. - Applied mechanics reviews. Volume 25, #3, March 1972, review #1903, page 284, "The American Society of Mechanical Engineers", New York, USA.

105. Davydov I.Sh. A way of solving differential equations with piecewise linear periodic coefficients. - Mathematical reviews. Volume 56, #1, July 1978, review #3386, USA.

106. Davydov Isay. Vibrations programs. Users manual, New York, 1984, 10 pages.

107. Hawking Stephen. A brief history of time from the big

bang to black holes. - Bantam books, New York, 1988, 198 pages.

108. Ouspensky P.D. A New Model of the Universe,New York, 1971.

109. Seventeenth Texas Symposium on relativistic Astrophysics and Cosmology. - The New York Academy of Sciences, New York, 1995, 728 pages.

СПИСОК ОПУБЛИКОВАННОЙ ЛИТЕРАТУРЫ
автора Давыдова Исая Шоуловича

121. Давыдов И.Ш. Дополнительный поворот зубчатого колеса, вызванный перемещениями в опорах. - В книге: Ученые записки Кабардино-Балкарского государственного университета, серия физико-математическая. Выпуск 24. Нальчик, 1965, стр.331-334

122. Давыдов И.Ш. Колебания одноступенчатой прямозубой передачи с упругими опорами. - Известия высших учебных заведений, Машиностроение, Москва, 1966, №12, стр.12-18.

123. Давыдов И.Ш. Области неустойчивости периодических колебаний, происходящих без размыкания контакта зубьев и опор в одноступенчатой прямозубой передаче с упругими опорами. - Известия высших учебных заведений, Машиностроение, Москва, 1967, №1, стр.28-31.

124. Давыдов И.Ш. Параметрические колебания одноступенчатой прямозубой передачи с упругими опорами. - Доклады научно-технической конференции по итогам научно-исследовательских работ за 1966-1967 годы. Энерго-машиностроительная секция. Подсекция теории механизмов и деталей машин. Московский энергетический институт, Москва, 1967,

стр. 29-38.

125. Давыдов И.Ш., Шнейдер Ю.Р. Методика моделирования одноступенчатой прямозубой передачи с упругими опорами на аналоговой вычислительной машине. - Доклады научно-технической конференции по итогам научно-исследовательских работ за 1966-1967 годы. Секция автоматики и вычслительной техники. Подсекция применения средств вычислительной техники. Московский энергетический институт, Москва, 1967, стр. 161-167.

126. Давыдов И.Ш. Исследование параметрических колебаний одноступенчатой прямозубой передачи с упругими опорами. - НИИИН-ФОРМТЯЖМАШ, 18-67-94, Москва, 1967, 6 стр.

127. ДавыдовИ.Ш. О невозможности уничтожить параметрические колебания в многопоточных передачах путем согласования фаз изменения коэффициентов жесткости. - Пятое совещание по основным проблемам теории машин и механизмов, тезисы докладов, Москва-Тбилиси, 1967, стр. 225.

128. Давыдов И.Ш. Теоретическое исследование параметрических колебаний одноступенчатой прямозубой передачи с упругими опорами. - Автореферат диссертации на соискание ученой степени кандидата технических наук. Московский энергетическиий институт, Москва, 1967, 19 страниц.

129.Давыдов И.Ш. Особый случай параметрических колебаний одноступенчатой прямозубой передачи с упругими опорами. - Известия высших учебных заведений, Машиностроение, Москва, 1969, №2, стр.66-71.

130. Давыдов И.Ш. О параметрических колебаниях в одноступенчатой прямозубой цилиндриче-

ской передаче. - Вестник машиностроения, Москва, 1970, №10, стр. 29-31.

131. Давыдов И.Ш. Влияние угла зацепления на изменение коэффициентов скольжения и ускоренного скольжения прямых зубьев цилиндрической эвольвентной передачи с внешним зацеплением. - Известия высших учебных заведений, Машиностроение, Москва, 1970, №3, стр.49-52.

132.Давыдов И.Ш. О возбуждении параметрических колебаний в многопоточных передачах. - В книге: "Теория передач в машинах", Академия Наук СССР, издательство "Наука", Москва, 1971, стр.61-69.

133.Давыдов И.Ш. Математическое моделирование трения в зацеплении. - В книге: "Моделирование трения и износа и расчетно-аналитические методы оценки износа поврхностей трения". Тезисы докладов, разделы 1 и 2. Москва-Ростов-на-Дону, 1971, стр.16-23.

134.Давыдов И.Ш. О возможности существования параметрических колебаний с двойным и более зубцовыми периодами в прямозубой передаче. - В сборнике "Динамика и прочность механических систем", Пермский политехнический инстит, Сборник научных трудов №102, Пермь, 1971, стр.58-62.

135.Давыдов И.Ш. Безразрывные колебания одноступенчатой прямозубой цилиндрической передачи с упругими опорами. - В книге: Повышение надежности и долговгчности изделий машиностроения. Пермский политехнический инстит, Пермь, 1972, стр.37-42.

136. Давыдов И.Ш. Определение критической скорости вращения вала, лабораторная работа по курсу "Детали машин". - Кабардино-Балкарский государственный университет, Инженерно-

технический факультет, Нальчик, 1972, 12 страниц.

137. Давыдов И.Ш. Проблема исключения колебаний в прямозубой пердаче. - В книге: "Теория передач в машинах", издательство "Наука", Москва, 1973, стр. 105-110.

138. Давыдов И.Ш. Оптимальная комплектация зубчатых колес. - В книге: Управление качеством в механо-сборочном производстве, Тезисы докладов межобластной научно-технической конференции. Пермский политехнический инстит, Пермь, 1973, стр.146-150.

139. Давыдов И.Ш. Проблема создания синусоидальных форм регулируемых вибраций повышенной частоты механическим путем. - Вибротехника, Материалы международного симпозиума "Теория вибрационных механизмов", Каунас-Вильнюс, 1973, №3 (20) стр. 361-367.

140. Давыдов И.Ш. Расчет параметрических колебаний зубчатого вибростенда. - Тезисы докладов, Научно-техническая конференция по вопросам механизации и автоматизации производственних процессов, Кабардино-Балкарский государственный университет, Инженерно-технический факультет, Нальчик, 1974, стр.23-24.

141. Давыдов И.Ш. Влияние внутреннего трения на вибрацию прямозубого зацепления. - Тезисы докладов, Научно-техническая конференция по вопросам механизации и автоматизации производственних процессов, Кабардино-Балкарский государственный университет, Инженерно-технический факультет, Нальчик, 1974, стр. 25-27.

142. Давыдов И.Ш. Проблмы динамики зубчатых передач. - Труды 4 и 5 научно-технической конференции, машиностроительная серия, Кабар-

дино-Балкарский государственный университет, Инженерно-технический факультет, Нальчик, 1974, стр. 3-5.

143. Давыдов И.Ш. Параметрические колебания прямозубой зубчатой передачи с одной степенью свободы. - Труды 4 и 5 научно-технической конференции, машиностроительная серия, Кабардино-Балкарский государственный университет, Инженерно-технический факультет, Нальчик, 1974, стр. 6-27.

144. Давыдов И.Ш. Возбуждение вибрации в прямозубом эволвентном зацеплении силами трения скольжения. - Труды 4 и 5 научно-технической конференции, машиностроительная серия, Кабардино-Балкарский государственный университет, Инженерно-технический факультет, Нальчик, 1974, стр. 27-40.

145. Давыдов И.Ш. Теория диссипативного возбуждения вибрации в эволвентном зацеплении. - Труды 4 и 5 научно-технической конференции, машиностроительная серия, Кабардино-Балкарский государственный университет, Инженерно-технический факультет, Нальчик, 1974, стр. 40-51.

146. Давыдов И.Ш. Уравнения собственных колебаний прямых зубьев в планетарных передачах. - В книге: Конструирование и производство планетарных передач, Тезисы докладов Всесоюзного научно-технического совещания, Алма-Ата, 1974, стр.211-214.

147. Давыдов И.Ш. Исследование и разработка методов уменьшения динамических нагрузок в зубчатых передачах. - В книге: "Шестое совещание по основным проблемам теории машин и механизмов", Тезисы докладов, Ленинград, 1975, стр.72-73.

148.Давыдов И.Ш. Способ решения дифференциальных уравнений с кусочно-линейными периодическими коэффициентами. - Математическая физика, Республиканский межведомственный сборник Академии Наук УССР, издательство "Науково думка", Киев, выпуск 17, 1975, стр.41-48.

149. Давыдов И.Ш. Проблема подавления параметрического возбуждения колебаний в прямозубом зацеплении. - Известия высших учебных заведений, Машиностроение, Москва, 1975, №8, стр.21-25.

150. Давыдов И.Ш. Динамические нагрузки в зубчатых передачах. - Кабардино-Балкарский государственный университет, Инженерно-технический факультет, Нальчик, 1975, 32 стр.

151. Давыдов И.Ш. Реальное зацепление прямых эволвентных зубьев. - Кабардино-Балкарский государственный университет, Инженерно-технический факультет, Нальчик, 1976, 118 страниц.

152. Давыдов И.Ш. Детали машин, методические указания по курсовому проектированию. - Кабардино-Балкарский государственный университет, Инженерно-технический факультет, Нальчик, 1976, 126 страниц.

153. Давыдов И.Ш., Чеченов Х.Д. Испытания предохранительных муфт, лабораторные работы по курсу "Детали машин". - Кабардино-Балкарский государственный университет, Инженерно-технический факультет, Нальчик, 1976, 78 страниц.

154. Давыдов И.Ш. Уравнения собственных колебаний зубьев прямозубых колес. - Тезисы докладов, Кабардино-Балкарский государственный университет, Инженерно-технический факультет, часть 2, Нальчик, 1976, стр. 5-6.

155. Давыдов И.Ш. Влияние внутреннего тре-

ния на повышение долговечности эвольвентного зацепления. - Тезисы докладов, Кабардино-Балкарский государственный университет, Инженерно-технический факультет, часть 2, Нальчик,1976, стр. 6-9.

156. Давыдов И.Ш. Управление зубчатым вибростендом. - Известия Северо-Кавказского научного центра высшей школы, Технические науки, Новочеркасск, 1976, №1.

157. Давыдов И.Ш., Гучаев М.Т. Вибростенд для калибровки сейсмических приборов. - Сейсмостойкое строительство, ГОССТРОЙ СССР, Центральный институт научной информации по строительству и архитектуре, Реферативная информация,серия XIV, выпуск 1, Москва, 1978, стр.21-24.

158. Давыдов И.Ш. Уравнения собственных колебаний зубьев прямозубых колес. - Известия Северо-Кавказского научного центра высшей школы, Технические науки, Новочеркасск, 1979, №2, стр.44-48.

159. Давыдов И.Ш. Продольная вибрация при прямолинейном движении стержня. - Вибротехника, Каунас, 1980, №1 (39).

160. Давыдов И.Ш. Дифференциальное уравнение продольной вибрации. - Тезисы докладов десятой республиканской научно-технической конференции по проблемам машиностроения и строительства, Кабардино-Балкарский областной совет НТО и Инженерно-технический факультет Кабардино-Балкарского государственного университета, Нальчик, 1980, стр. 41-42.

161.Давыдов И.Ш. Динамическая оптимальность параметров зацепления. - Тезисы докладов десятой республиканской научно-технической конференции по проблемам машиностроения и строительства, Кабардино-Балкарский областной совет НТО и Инженерно-технический факультет Кабардино-Балкарского государственного университета, Нальчик, 1980, стр. 43-44.

162. Давыдов И.Ш. К расчету нелинейных колебаний зубчатых механизмов. - В книге: "Механика машин", Академия Наук СССР, выпуск 58, издательство "Наука", 1981, стр. 3-10.

163. Давыдов И.Ш. (под псевдонимом: Иосиф Соулсон). Миры. - Интернациональный Научный Центр, Нью-Йорк, 1991, 400 страниц.

164. Давыдов И.Ш. Сотворение и эволюция. - Интернациональный Научный Центр, Нью-Йорк, 1997, 384 страниц.

НЕОПУБЛИКОВАННЫЕ РАБОТЫ
автора Давыдова Исая Шоуловича

145. Давыдов И.Ш. Теоретическое исследование параметрических колебаний одноступенчатой прямозубой передачи с упругими опорами. - Диссертация на соискание ученой степени кандидата технических наук. Московский энергетическиий институт, Москва, 1967.

146. Давыдов И.Ш. Проблемы динамики зубчатых передач. - Диссертация на соискание ученой степени доктора технических наук. Нальчик, 1980, 476 страниц.

ОГЛАВЛЕНИЕ

Раздел 3
ПРОШЛОЕ, НАСТОЯЩЕЕ И БУДУЩЕЕ ВСЕЛЕННЫХ
116-249

Давыдов Исай Шоулович. ЗАПРОГРАММИРОВАННОЕ РАЗВИТЕ ВСЕГО МИРА (том 3), 416 страниц, в прекрасном твердом переплете.

На общедоступном русском языке в этой книге впервые излагается современная научная теория запрограммированного возникновения и развития всего мира.

Не было ничего: ни Земли, ни неба; ни Солнца, ни звезд; ни галактик, ни вселенных; ни пространства, ни времени и ничего такого, что могло бы существовать в пространстве и времени.

Только лишь один-единственный Абсолютный Бог существует в абсолютной вечности вне всякого относительного пространства и вне всякого относительного времени.

И "сказал" Бог: сотворю человека по образу и подобию своему для того, чтобы было мне кого любить. Для проживания и развития объекта любви моей (то есть для человека) сотворю я пространство. Поэтому создал Бог бесконечное множество законов бытия, полный свод которых представляет собой единую программу возникновения и всеобщего развития всего мира. Согласно этой программе, в начале сотворил Бог пространство и время, а затем душу человеческую, которая может развиваться вечно в относительном пространстве и относительном времени.

Нашу физическую Вселенную Бог сотворил для развития души человеческой и для ее испытания на соблазн. Научно доказано, что масса физической вселенной равна идеальному нулю. Это значит, что ее объективно нет. А жизнь человека на Земле представляет собой всего лишь "коллективный сон" человеческих душ, проживающих в идеальном мире.